致奋斗者

你不努力 谁也给不了你想要的生活

曾庆灿 编著

团结出版社

图书在版编目（CIP）数据

你不努力谁也给不了你想要的生活 / 曾庆灿编著
. -- 北京：团结出版社，2019.4（2023.11 重印）
（致奋斗者）
ISBN 978-7-5126-7040-2

Ⅰ. ①你… Ⅱ. ①曾… Ⅲ. ①成功心理—通俗读物
Ⅳ. ① B848.4-49

中国版本图书馆 CIP 数据核字（2019）第 082360 号

出　版： 团结出版社
（北京市东城区东皇城根南街 84 号　邮编：100006）
电　话：（010）65228880　65244790（出版社）
（010）65238766　85113874　65133603（发行部）
（010）65133603（邮购）
网　址： http://www.tjpress.com
E - mail：zb65244790@vip.163.com
tjcbsfxb@163.com（发行部邮购）
经　销： 全国新华书店
印　刷： 金世嘉元（唐山）印务有限公司

开　本： 145mm × 210mm　32 开
印　张： 6 印张
字　数： 110 千字
版　次： 2019 年 4 月　第 1 版
印　次： 2023 年 11 月　第 2 次印刷

书　号： 978-7-5126-7040-2
定　价： 29.80 元

前　言

经常听到身边有朋友抱怨老天太不公平，为什么别人看起来毫不费力就过上了想要的生活？为什么自己的理想与现实总是那么遥远？

原因并不复杂，要不就是你给自己设定的目标太大，要不就是其实你还没那么努力。

人世这样周遭一走，赤裸裸来赤裸裸走，不带来一物，不带走一物，千古留名的人，全是努力在自己的位置上出类拔萃的人。

越努力越幸运，在努力的过程中一定会出现无法想象的惊喜，用磨难来历练自己，用贵人和机会来成就自己，所有涌向自己的一切，都是来成就我们更新昨天的生命。

努力和回报是成正比的，这个法则从来都没有改变过。既然你已经选择了一种生活方式，就不应该再有任何抱怨了。你选择了沉溺于安逸放弃拼搏，就注定得不到你想要的生活。几乎没有人可以用自然而然的方式得到自己想要的人生，而梦想，几乎都要靠努力，或付出其他代价才能争取到的。

你现在的努力决定着你的未来，你不努力，真的没人能给你想要的生活。其实，你最想要的生活，是来自实力的自信，是你说了算的痛快。这一切，父母无法给你，爱人无法给你……唯有努力和勤奋，才能让你过上想要的生活。

如果自己不努力，谁也给不了你想要的生活；梦想不会逃跑，逃跑的永远是自己。你今天的努力，是幸运的伏笔；当下的付出，是明日的花开。让我们怀揣希望去努力，静待美好的出现。没人会把我们变得越来越好，时间也只是陪衬。支撑我们变得越来越好的是我们自己不断进阶的才华、修养、品行以及不断的反思和修正。

这个世界上失去什么东西都不可怕，唯一可怕的是失去你的信心，失去你的勇气，只要你坚韧不拔地奋斗，只要你眼睛看向未来，生命就永远属于你，生命的辉煌也一定永远属于你。人生的舞台上，生活可以成就一些人，但是，生活也可以打败一些人，关键是看你如何去对待它。为了你想要的生活，你必须努力。也许有时候会遇到一些挫折困难，在哭过之后，也要继续收拾自己的心情，迎接接下来的日子，其实，人生不就是这样吗！

一个人活着，有时候太闲，有时候太累。人生旅途上，横竖都是路，决定今天的不是今天，而是昨天对人生的态度；决定明天的不是明天，而是今天对事业的作为。我们的今天由过去决定，我们的明天由今天决定！这个世界其实很公平，你想要比别人强，你就必须去做别人不想做的事；你想要过更好的生活，你就必须去承受更多的困难，承受别人不能承受的压力，不吃拼搏的苦，就会吃生活的苦。真正的强者，不是没有眼泪，而是含着眼泪继续奔跑，不要让任何人偷走你的梦想，因为没有人会为你的人生埋单。

也许现在的你很累，很幸苦，但是你现在所付出的会在将来回馈给你，虽然不能立刻有什么收获，但是现在你所做的一切努力，不管大小，都是你成功的积累，会在将来毫无保留甚至附加其他地给你，这就是你现在奋斗的意义，为了以后幸福的生活，不用为了柴、米、油、盐而发愁，可以随性地过自己想要的生活，为了在看到喜欢的东西可以没有顾虑地购买，为了以后父母能更好地享受天伦之乐，为了孩子得到良好的教育……这些都是你现在不能停下脚步的原因。

目录

第一章　努力一点，离你想要的近一点

第二章　端正心态，努力成就自我

第三章　合理利用每分每秒，滴水穿石

第四章　认清自我，找寻人生方向

第五章　放开眼界，看得更远

第六章　找到你的最佳状态

第七章　激发潜能，原来你如此强大

第八章　挫折逆境，人生攀登必经阶梯

第九章　坚持到最后，终将微笑

第一章

努力一点，离你想要的近一点

成功者，或许多的只是那一点点坚持和不放弃。每天努力一点点，超越昨天的自己，离成功就近那么一点点，聚沙成塔，有志者事竟成。

勋章人人皆可以拿

军人，尤其是将军，在穿上正式的礼服时，都会在胸前佩戴各式各样大大小小的勋章，让人看得眼花缭乱。当他们在重要的场合一字排开时，非常壮观，也令人羡慕。

他们为什么要佩戴勋章？说好听一点是礼貌，说实在一点是享受荣耀。只有立功才有勋章可得，立功越多，勋章也就越多，立功越大，勋章的等级也就越高。所以光看胸前的勋章，你就可以知道这个人的身份和地位，而这个人自然会受到他人的尊敬和礼遇。

我们不是军人、警官，但照样可以拿“勋章”，为自己建立地位与身份，让别人识别自己，尊敬自己，礼遇自己！

这里所谓的“勋章”是指工作上的成就或贡献，虽然这不能像勋章那样挂在胸前炫耀，让所有的人都看得到，但在同僚之间，你的成就或贡献他们都知道，因此也带有“勋章”的意义。

作为一名军人，为国家流血流汗是他的本分与天职，因此只有战功赫赫才够格得到勋章。同理，你把例行工作做好不稀奇，因为这本来就是你该做的。必须有特殊的表现，也就是做出别人做不到、不敢做，或还没做，但被你抢先一步做，对整体有贡献的事，这才够格拿“勋章”。这些事一般来说有下列数种。

——比别人高的业绩。如果你是业务人员，你那让其他人可望不可及的业绩就是“勋章”。

——解决重大的问题。无论是老问题还是新问题，行政问题还是财务问题，如果你能解决别人不能解决的问题，你的功劳就是“勋章”。

——赚大钱的发明或设计。如果你是公司的研发、设计部门的人员，你研发出来的产品让公司赚大钱，那么你的成绩就是“勋章”！

——增加所属单位的荣誉。例如你的贡献得到政府或民间单位的奖项，你的单位因你而增光，那么你的得奖就是你的“勋章”！

如果你能得到上述的“勋章”，那么你在你的团体里自然会有一定的地位，别人绝对不敢看轻你，连上司也都要敬你三分，甚至也可容忍、原谅你在其他方面的瑕疵。当然，若因得了“勋章”就得意忘形、目中无人，那就不好了，就算你是得“勋章”的能手，这一点也是必须注意的。

那么，该如何去得“勋章”呢？

军人要立功拿勋章需要勇气、决心、智慧和机遇——当然也可能有“糊涂小兵立大功”的情形，但不太多。同样，在工作上要拿“勋章”也需要勇气、决心和智慧，其中尤其勇气和决心最重要。也就是说，如果你有心去做，并辅以你的智慧，那么就有可能有一番成就。当然这个过程可能会充满挫折，好比立功的士兵往往都伤痕累累那般，但只要熬得过，禁得起，经验、见识就会一天天丰富，自然也就造就了拿“勋章”的条件和机会。

美国前副总统亨利·威尔逊这样说：“我出生在贫困的家庭，当我还在摇篮里牙牙学语时，贫穷就已经露出了它狰狞的面孔。我深深体会到，当我向母亲要一片面包而她手中什么也没有时是什么滋味。我在10岁时就离开家远走异乡，当了11年的学徒工，每年可以接受一个月的学校教育。在11年的艰辛工作之后，我得到了1头牛和6只绵羊作为报酬。我把它们换成了84美元。从出生到21岁那年为止，我从来没有在娱乐上花过1美元……”

在穷困潦倒的异乡中，威尔逊却没有让任何一个发展自我、提升自我的机会溜走。在他21岁之前，他已经设法读了约1000本好书。在他离开农场后，徒步100英里到马萨诸塞州的内蒂克去学习皮匠手艺。一年后，又从一个辩论俱乐部中脱颖而出，12 年之后，他与著名的查尔斯·萨姆纳平起平坐，进入了国会。

奥里森·马登说："纵观人类历史上的伟大和杰出人物，他们中的相当一部分曾经有过艰辛的童年生活，甚至还备受命运的虐待，但强者总是善于找到生命的支点。他们及时调整自己的心态，坚忍地承受着生活的艰辛，在一贫如洗的岁月里安然走过，并用恒久的努力打破了重重的围困，在脱离了贫穷困苦的同时也脱离了平凡，造就了卓越与伟大。"

相比威尔逊副总统的异乡磨难，你的那些"磨难"也许暗然失色。但这一点并不重要，重要的是：你有威尔逊那种打拼的执着与努力吗？

被人看轻是一种耻辱

通过努力去获得想要的人生，那么工作是必需的，因为工作一则可以养家糊口，一则可发挥才能，实现自我。为了你刚刚开展的“工作人生”，你一定要切记：别在工作上被人看轻！被人看轻虽然不一定会影响你的一生，但绝对有负面的影响，至少对你不会有正面的好处。

在工作上被人看轻的人有几种类型。

——混日子型：这种人不把工作当一回事，不但不积极表现，连犯错也不在乎；“反正混一口饭吃”是他的中心思想；“此处不留爷，自有留爷处”则是他的应变态度。这种人让人看不惯，可是他每天准时上下班，对人又客气得要命，让你抓不到他的小辫子。这种人好像过得很舒服，其实人家早在心底把他看轻。

——看轻职位型。这种人常说“这工作有什么了不起？”或是“这职位有什么了不起？”一副怀才不遇的样子。他看轻他的工作、他的职位；那么离开算了，何必没事嚷嚷？可是他又不走。他的举动就刺激了其他战战兢兢工作的同事，于是别人就看轻他了。

——迟到早退型。每个人都免不了有迟到早退的现象，可是若时常如此，并且自己还不在乎。同事们却不会不以为然，因为他们会觉得这不公平；可是他们又不习惯，也不愿和你一样迟到早退，同时也没“资格”说你。在拿你没办法的情况下，就看轻你了。也许你有特殊的个人原因，可是别人是不管这些的。

——混水摸鱼型。这种人机灵狡猾，看起来很认真工作，其实那是在做样子，他永远不愿承担责任，但永远有好处可拿；虽然能言善道，人缘不错，但实际上别人早在心里把他看轻了。

其他还很多种类型，诸如争功诿过型、孤芳自赏型，但这些类型都比不上前述的那几种类型。这几种类型总而言之就是不敬业。你不敬业，一则无形中刺激、羞辱了那些敬业的同事，使他们以看轻你作为无言的报复；二则让人认定你是个不求上进的无赖、混混。如果你这种表现也被主管知道，那么你就别想在工作上有所突破了。

也许你会说，被看轻就被轻嘛，有什么大不了？但是：

——如果你因不敬业而被看轻，这些评语会到处散播，这对你相当不利。事情若太严重，你甚至会连新的工作都找不到，因为同行一定知道你的不敬业，谁敢用一个不敬业的人？

——你如果不敬业，就算人们不四处散播对你的评语，对你也没有好处，因为你无法从工作中吸取更多的经验，而不敬业如果形成习惯，你一辈子就别想出人头地了！

不被人看轻和工作能力确实没有太大关系，人们会尊敬能力中等但拼劲十足的人，但不会尊敬一个能力一等，但工作态度不佳的人；如果能力平平又不敬业，那么保证别人会把你看轻，甚至也有卷铺盖走人的可能。

能力不足勤来补

“勤能补拙”已是一句老话，但从学校毕业进入了社会，这句话就不一定能常听到了。

能承认自己有些“拙”的人不会太多，能在进入社会之初即体会到自己“拙”的人更少。大部分人都认为自己不是天才至少也是个干将，也都相信自己接受社会几年的磨炼后，便可一飞冲天。但能在短短几年即一飞冲天的人能有几个呢？有的飞不起来，有的刚展翅就摔了下来，能真正飞起来的实在是少数中的少数。为什么呢？大多是因为社会磨炼不够，能力不足。

那么有没有办法在极短的时间补足自己的能力呢？

所谓的“能力”包括了专业的知识、长远的规划以及处理问题的能力，这并不是三两天就可以培养起来的，但只要“勤”，就能很有效地提升你的能力。

“勤”就是勤学，在自己的工作岗位上，一刻也不放弃，一个机会也不放弃地学习。不但自修，还向有经验的人请教。别人睡午觉，你学；别人去娱乐，你学；别人一天只有 24 小时，你却是把一天当两天用。这种密集的、不间断的学习效果相当显著。如果你本身能力已在一般人水准之上，学习能力又很强，那么你的“勤”将使你很快地在团体中发出亮光，为人所注意。

另外一种“能力不足”的人是真的能力不足，也就是说，先天资质不如他人，学习能力也比别人差，这种人要和别人一较长短是辛苦的。这种人首先应在平时的自我反省中认清自己的能力，不要自我膨胀，迷失了自己。如果认识到自己能力上的不足，那么为了生存与发展，也只有“勤”能补救，若还每天痴心妄想，不要说一飞冲天，有时连个饭碗都保不住哩！

对能力真的不足的人来说，“勤”便是付出比别人多好几倍的时间和精力来学习，不怕苦不怕难地学，兢兢业业地学，也只有这样，才能成为龟兔赛跑中的胜利者。

其实“勤”并不只是为了补拙，在一个团体里，“勤”的人始终会为自己争来很多好处。比如：

——塑造敬业的形象。当其他人浑水摸鱼时，你的敬业精神会成为旁人眼光的焦点，认为你是值得敬佩的。

——容易获得别人谅解。当有错误发生，必须找个代罪羊时，一般人不大会找一个勤于工作的人来顶替。当做错了事，一般人也不忍指责，总是会不忍地认为，已经那么认真了，偶然出点错有什么。

——容易获得主管的信任。当主管的喜欢用勤奋的人，因为这样他可以比较放心，如果你的能力真的不足，但因为勤奋，主管还是会给予合适的机会。当主管的都喜欢鼓励肯上进的人，此理古今中外皆同。

小成绩是大业绩的开端

勿以事小而不为，要将行动所得到的知识积累起来作为基础，并作为迈向下一个阶段的构想。

只是一个人能够做的事情，往往与理想的距离较远，而且做起来也不是那么容易就可以完成的。

平常所完成的“小成绩”，可以从书本上得到证明，也可以和此方面的专家谈一谈，如此就可获得宝贵的建议和支持。

如此一来，小的成绩便可以逐渐扩充，从而为自己的发展奠定基础。

不管什么样的构想都是好的，但是如果是范围较大的事情，只是想而不做，也就没有价值可言，还不如小事情并实行的情况有价值。

事情即使再小，但“只要能够做出成绩来”，就是一名了不起的人，对自己的成绩有了自信心，就能增加好几倍的效力。

不管是金钱、能力、地位、事业，在短期间内都不可能有太快速的成长，但是在经过了 5 年、10 年之后，应该做的事情，已经逐渐地熟悉了，这时就可以亲身感觉到自己的能力了。

不管任何事情，在进入正常的轨道之前，总会有许许多多的障碍和挫折。特别是无法得到社会的认可和周围其他人的协助，当他人无法了解你的苦衷时，你会觉得非常痛苦。

不管是要完成一件事情，还是要去改良或改革一件事，都必须以“好奇心”为其先决条件，但是这种“具有好奇心的人”，在现今的社会里毕竟是属于少数派，很可能是孤独的，所以当有一个“构想”时，其观念越新，则外来的阻力就会越大。所以，如果你有新的构想，你就必须有一个思想准备，也许你会被视为一个奇怪的人。

所以我们要想到，在改善日常的工作环境或自我革新时，必定会受到一些人的抗拒，或者必须做某些方面的牺牲，有时甚至连生命都会受到威胁。有的人就是因为如此，即使有很强烈的好奇心，也不敢轻易地提出，因为一旦提出了改善方案，往往会受到强烈的反对。像这种情形实在是很令人遗憾，但它确实存在。

为了使你的构想和计划不致因为面临巨大的压力和周围人的反对而无法实行，所以必须努力。那就是——从自己做开始，再不断地积累小小的实绩，然后逐渐地增加同伴和赞同者。

头脑是金手指

钱会不会从天上掉下来？相信大多数人都清楚天底下没有不劳而获的事，想获得什么样的成果，就必须付出什么样的代价。

虽然靠着赌博或股票买卖等方式，有可能一夜致富，但毕竟风险过大，一旦好运不再有，将会血本无归。

好比说人人都明白没有所谓“保证赚钱”的说法，可是再怎么聪明的人，还是会不自觉跳入这个陷阱。通常是手边有了一些钱，然后有人告诉你一个赚钱的捷径，于是你被这个捷径吸引了，盲目地投资，最后却是自己吃了大亏。

当然，任何的投资都有风险存在，不去试谁也不知道会不会成功，但是做任何投资之前，都必须好好想清楚和做好规划，总之事前的准备工作越充足，越能降低失败的概率。

那么，有没有什么不用花本钱却能赚大钱的方法呢？当然有，只是一般人都不相信自己有这份能力，慢慢地就丧失了这个天赋。

下面这一经典故事也许大家都读过，但其中的哲理却非人人能够读懂。

外国有家公司的一台发动机引擎坏了，请了许多人都没修好。后来请了一位工程师，他听了听引擎发动机的声音，根据其异常的类型，他立刻明白毛病出在哪里了，于是，他用粉笔在机壳上画了一道线，说：“打开它，将这里线圈的线拆除加圈。”

技工照办，果然引擎就可以发动了。

修理好后，技工问他要多少报酬，他说 1000 美元。技工见他根本没费什么劲修理，却要收这么高的费用，认为他是狮子大开口，觉得 1000 美元未免太昂贵了。

看到技工不屑的表情，他笑笑说："没错，画一道线只值 1 美元，但知道在哪里画这道线，值 999 美元。"

后来，公司经理听到他的回答，马上付他 1000 美元，并且聘他为公司的特别顾问。

别羡慕别人赚钱很容易，事实上是需要真正本领的。正因为他们具有这样的本事，所以敢收取高昂的费用。如果换作你，你有办法做到吗？

因此，懂得活用脑袋的思考力，就可能为我们赚进无数的财富，而且不用花费成本，也不必担心会被别人抢走生意。

一般来说，思考力分为两种：

（1）主动思考的能力；

（2）模仿他人的能力。

不管是自己用头脑在思考，还是模仿他人的想法，最重要的是懂得活用你的思考，越勤加锻炼，脑力就越好。脑袋的力量就是主动思考的能力，通过阅读书本或吸取别人的意见，脑袋会越来越灵光。如果放着不去使用，很快就会退化，变成一个没有思想的"圆球"。

有空多动动脑，让思考成为一种习惯，相信财源将会滚滚而来，挡也挡不住。

失败是试金石

“失败是试金石”，实际上是一名事业颇有成就的企业家的话。

他说，一般人都是以成功者为师，把成功者的成就当作奋斗的目标，有些人还遵循成功者的模式，构筑自己的未来。这也没什么不好，人总需要“希望”来鼓舞。但一切向“成功者”看齐却有可能使人坠入一种幻觉当中，认为“我也可以成功”！殊不知一个人的成功是需要很多条件配合的，并不是一蹴而就；另外，成功者的成功模式因为个性、主客观条件的不同，并不一定适合每个人。所以在“以成功者为师”的同时，也要“以失败者为师”，把失败者的失败当成一个案例，仔细探查失败的真正原因，以此作为自己的警惕，避免再犯同样的错误！

这位企业家说，他从创业开始，就会仔细观察同行及非同行的失败原因；别人是在失败中记取教训，他是从别人的失败中吸取教训，因此他不但顺利创业，而且发展得非常稳定。或许稍嫌开创不足。他说：企业的“存在”比“壮大”更重要，因为有“存在”，才可能“壮大”，若为了“壮大”而失去“存在”，那就失去了创办企业的目的。何况失败是痛苦的事，更有一失败就永无再起的可能，所以，“避免失败”比“追求成功”更重要。

任何失败都是有原因的，不管是主观因素还是客观因素；不过要了解失败者的失败原因不太容易，失败者往往不愿意谈失败的过去，因为这会暴露自己的无能。如果你找到失败者本人谈，他大概也不会告诉你真相，他只会告诉你，他的失败是因为经济不景气、朋友拖累、银行紧缩银根，或是被出卖、被骗、被倒账……属于他个人的能力、判断、个性上的问题，他是不会告诉你的；何况有些失败者根本不知道他失败的原因。因此要了解失败者的失败原因，你得多方收集资料，参考专家的分析、同行的看法，至于这位失败者的个人条件，可从他的朋友处了解。

当把资料收集够了，把它一条条列出来，仔细分析，再归纳成几个重点。

不过并不是了解就算了，你必须把你所观察、分析到的东西拿来检验自己，和失败者的一切做个对照比较。如果你的个性、能力和其他主客观因素都有和那位失败者有相似之处，那么就要提高警觉。弱的地方要加强，不好的地方要改善，这样你就可避免犯同样的错误，成功的概率自然会大为提高。

除了自己经营事业要以失败者为师之外，一般做人做事也应以失败者为师。

在做人方面，看看谁和谁处不好，谁得罪了谁，谁不受欢迎，参考他们的个性，观察他们平日的来往和作为，你就可以知道他们做人失败的原因在哪里。

在做事方面，失败者的例子更多，这里所谓的“失败”包括做得不尽完善的事，这些事一般都会由主管开会进行检讨，这种检讨有时只是应付应付，但因为近在身边，所以不管检讨是不是在应付，你都会有不错的收获。

曾有一位将军说过，两军对阵，谁犯的错误少，谁就得胜。做事也是一样，犯的错误少，成功的概率就会提高，而要减少错误，就是“以失败者为师”，这种教训并不需要你以失败去换取多么划算！

做事业而非只为糊口

我常去一家男士美容院理头发，尽管我要走一段较远的路程。我之所以不辞辛劳跑去那么远，是因为那家美容院有一个手艺非常好的师傅，只有他才能料理我那越来越稀少的头发。我之所以去这家美容院是因为朋友的极力推荐，朋友之所以推荐，也是缘于他的朋友推荐。而从每次我去时都客满的情况，就可以看出那位师傅手艺的确受到顾客的信赖。

去过几次后，和老板熟了，有一次客人较少，我便和他聊了起来。

他说他高中毕业就离开家乡到广州某发廊当小工，对理发这个工作他并没有特别的喜欢，但也不知除了理发，还有什么工作可做，于是就迷迷糊糊地一直混了几年。眼看也二十几岁，有了“前途”的压力，于是他为自己立下了一个目标——成为男士理发界的佼佼者！他的学习态度一下子因此有了很大的转变，除了实地学习之外，他还不断地收集、参考相关的书籍，甚至路上行人的发型他都会仔细研究，简直到了疯狂的地步。

不到一年，他由助手升任师傅，并且很快就闯出名气，几乎每名客人都指名要求他剪、烫、吹。后来，他向亲朋好友借了笔钱，开了这家男士美容院。

他的故事平淡无奇，但我听得却感动极了，他可真是创业的典范！

这位理发师傅立下的目标就是人们常要说的“抱负”，说得更明白些，就是他想到了这样一件事：在这个行业中，我要成为什么样的人？

大部分的人工作是为了“糊口”，当然是有一切为了“理想”的人，但这种人不多。没有“糊口”的前提，“理想”就只是空中楼阁，因此“工作是为了糊口”这件事并不可耻，但如果工作只是为了“糊口”这样一个单纯的目的，那么生活一点也不难——甚至当乞丐都成。

如果你希望这辈子能有所成就，那么就不应以“糊口”为满足，应该有个抱负，把这个抱负变成追求的目标，毫不懈怠地向它前进。不敢说没有“所负”的人这一辈子就“不怎么样”，而有“抱负”的人就成就非凡。但我敢肯定一点，有抱负并且努力去追求的人，他的成就会比浑浑噩噩过日子的人来得高，而且机会也比不知向前的人多，因为有抱负并努力去追求的人会不断地去吸收新知识，充实自己，追求成长，所以他们会比别人早一步拔取胜利的旗帜。

我说的不是大话，而是活生生的现实，如果你不相信，你可以和身边有成就的人聊聊，看看他们是怎么走过来的，可能他们的“抱负”会因为环境的不同而有所不同，但他们永远会不停地为自己定下一个追求的目标！

人生数十寒暑，20～30 岁这段时间是用来适应社会的，30～40 岁则是冲刺的大好时光，到了 40 岁以后，就是验收成果的时候了，因此你怎可蹉跎时间呢？

想想那位理发师傅吧，他才 30 岁出头，你呢？

你真的用尽全力了吗

所谓的“尽力”，是尽到了哪种程度的力呢？是不是“尽力”之后，就连吃饭、走路也使不出力气了呢？如果不是如此，怎么能说自己已经尽力了呢？

某位著名的法学家有一次在大学授课时提道：“当你为一个案子辩论的时候必须尽心尽力，如果你掌握了有力的人证物证，就紧抓着事实去攻的时候必须尽心尽力；如果你掌握了有力的条文，就用法律攻击对方。”

这时，一个学生突然发问：“如果既没有有力的事实，也没有有力的法律条文，应该怎么办？”

这位法学家想了一下说：“即使碰到这种最糟糕的情况，你还是要理直气壮，尽量用力拍桌子。”

“实在是因为实力不如对方才会失败。虽然输了，可是我们也已经尽力了。”我们经常可能听到失败的人这么自圆其说。然而，这只是一个不负责任的借口而已。

所谓的“尽力”，是否意味着你已经绞尽脑汁、用尽才华，发挥了所有潜能，动用了所有可以利有的人力、物力……

如果不是，怎么能说自己尽力了呢？

不论对手是谁，不论有什么理由，人生的意义就是拼命争取胜利。或许有人认为这未免太冷酷无情，这正是成王败寇的人类世界最真实的一面，竞争激烈的现代社会就是这般残酷！

人生应该以胜利作为最终目的，对于胜利必须有强烈的渴望。

德国大音乐家贝多芬说：“在困厄颠沛的时候能坚定不移，这就是一个真正令人敬佩的人的不凡之处。”

遭遇紧要关头，绝对不可以松懈，必须想尽办法、拼尽全力冲破难关。一旦你穿过了这道“瓶颈”，前程就会豁然开朗，进入另一个光明灿烂无比顺畅的人生阶段。

英国一名人说：“谁以为命运女神不会改变主意，谁就会被世人所耻笑。”

努力一次成功机会多一次

许多人都知道儒勒·凡尔纳是一位世界闻名的法国科幻小说作家，但很少有人知道，凡尔纳为了发表他的第一部作品，曾经遭受过多么大的挫折！

1863 年冬天的一个上午，凡尔纳刚吃过早饭，正准备到邮局去，突然听到一阵敲门声。凡尔纳开门一看，原来是一个邮递员，他把一包鼓鼓囊囊的邮件递到了凡尔纳的手里。一看到这样的邮件，凡尔纳就预感到不妙。自从他几个月前把他的第一部科幻小说《乘气球环游世界五星期》寄到各出版社后，收到这样的邮件已经是第 14 次了。他怀着忐忑不安的心情拆开一看，上面写道："凡尔纳先生：尊稿经我们审读后，不拟刊用，特此奉还。某某出版社。"每看到这样一封封退稿信的时候，凡尔纳心里都是一阵绞痛。这次已是第 15 次了，还是未被采用。

凡尔纳此时已深知，那些出版社的"老爷"们是如何看不起无名作者。他愤怒地发誓，从此再也不写了。他拿起手稿向壁炉走去，准备把这些稿子付之一炬。凡尔纳的妻子赶过来，一把抢过手稿紧紧抱在胸前。此时的凡尔纳余怒未息，说什么也要把稿子烧掉。他妻子急中生智，以满怀关切的感情安慰丈夫："亲爱的，不要灰心，再试一次吧，也许这次就能交上好运的。"听了这句话以后，凡尔纳抢夺手稿的手，慢慢放下了。他沉默了好一会儿，然后接受了妻子的劝告，又抱起这一大包手稿到第 16 家出版社去碰运气。

这次没有落空，读完手稿后，这家出版社立即决定出版此书。并与凡尔纳签订了 20 年的出书合同。

没有他妻子的疏导，没有"再努力一次"的勇气，我们也许根本无法读到凡尔纳笔下那些脍炙人口的科幻故事，人类就会失去一份极其珍贵的精神财富。

你有没有产生过将心血与梦想“付之一炬”的过激念头？再努力一次吧，也许成功离你只有一“次”之遥。

第二章

端正心态，努力成就自我

“心态”有多么重要？你意识到了吗？也许你对此并未细心考虑过，但一定遇到过一些让人心绪烦乱、甚至心灰意冷的时候，这就是“心态的症结”。毫无疑问，没有积极的心态，你要想成就一番大事，可能性几乎等于零。

认清你自己

许多自认为优秀的人一遇到些波折，就产生了“怀才不遇”的想法。这种人普遍的现象是牢骚满腹，喜欢批评，有时也会一副抑郁不得志的样子。

这种人有的是怀才不遇，因为客观环境一时无法适应，“虎落平阳被犬欺，龙困浅滩遭虾戏”，但为了生活，又不得不屈就，所以痛苦不堪。“前无古人，后无来者，念天地之悠悠，独怆然而涕下”的陈子昂便属此种人。

难道有才的人都会这样吗？并不是的，虽然有时是千里马无缘见伯乐，但大部分都是自己造成的。因为真的有才的人常自视过高，看不起能力、学历比他低的人，可是社会上的事很复杂，并不是有才就可得其所哉——别人看不惯你的傲气，会想办法修理你；至于上司，因为你的才干威胁到他的生存，如果你不适度收敛，又怕别人不知道似的乱批评，那么你的上司绝对会打压你，不让你出头！人际间的斗争就是这么回事……于是你就真的变成“怀才不遇”啦！

另外一种“怀才不遇”的人根本是自我膨胀的庸才，他之所以无法受到重用，是因为他的“无能”，而不是别人的嫉妒。但他并没有认识到这个事实，反而认为自己怀才不遇，到处发牢骚，吐苦水。

不管有才还是无才，有“怀才不遇”的感觉的人差不多都人见人怕。他骂人，背后批评同事、主管、老板，然后吹嘘他有多行，别人也只好点头称是——尽管他的话别人不敢苟同，但没有人愿意反驳他。

结果呢？“怀才不遇”感觉越强烈的人，越容易把自己孤立在小圈圈里，无法结交其他人。每个人又都怕惹麻烦而不敢跟这种人打交道，人人都视之为“怪物”敬而远之。恶言恶语一传开，除非遇到真人大力提拔，否则将永无出头之日！

这种人最后有的辞职了，有的外调，有的则还在原单位继续“怀才不遇”。

我不知道你自认为才干如何，但不管才干如何，你一定会碰上才干无法施展的时候。这时候提醒你记住：就算有“怀才不遇”的感觉，也不能表现出来，你越沉不住气，别人越把你看轻。

那么难道就这样一辈子“怀才不遇”下去？不必如此，有几件事可以做。

——先评估自己的能力，看是不是自己把自己高估了。自己评估自己不客观，你可找朋友和较熟的同事替你分析，听听他们的意见。如果别人的评估比你自我评估还低，那么你要虚心接受。

——检讨为何自己的能力无法施展，是无恰当的机会，是大环境的限制，还是人为的阻碍？如果是机会问题，那只好继续等待；如果是大环境的限制，那只好辞职；如果是人为因素，那么可诚恳沟通，并想想是否有得罪人之处，如果是，就要想办法疏通。

——考虑拿出其他专长。有时“怀才不遇”是因为用错了专长，如果你有第二专长，那么可以寻找机会去试试看，说不定就此打开一条生路。

——营造更和谐的人际关系，不要成为别人躲避的对象，反而更应该以你的才干协助其他的同事。但切记，帮助别人切不可居功，否则会吓跑你的同事。此外，谦虚客气，广结善缘，这将为你带来意想不到的助力。

——继续强化你的才干，当时机成熟时，你的才干就会为你带来耀眼的光芒！

最好不要有“怀才不遇”的感觉，因为这会成为你心理上的负担。

创业成功自信当先

赵洪祥厌倦了自己已经做了多年的个体户生涯，觉得再这么下去没有什么出路。他花钱注册了一家化工产品经营部，开始经营一些生产资料、五金化工和进出口贸易，逐渐公司也有了一定的积累。

1994 年，赵洪祥从青岛本地的一家报纸上了解到，当时青岛市内规模过 10 亿元的行业就数轮胎行业，于是他花了 2. 7 元钱买了一本市内电话簿，开始给青岛每个生产轮胎的企业打电话，了解轮胎行业的原料、价格、技术等情况。“那个时候我对轮胎是一窍不通，到处向别人打听，也遭尽了白眼。不过我始终有一个看法，认准了某个行业，就不能轻易退缩。只要别人能做的，我赵洪祥一定也能做，而且要做得比他们还好。”于是从那时起，赵宏祥开始了和轮胎打交道的经历。

现在，赵洪祥已成为资产达 6 亿余元的企业家。

赵洪祥说：“每当有人问起我的创业经历时，我会用同样的话来告诉他们：创业其实很简单。”当问到为什么做个体户的人很多，搞小经营部的人也很多，但是从中成长起来做大买卖的人却很少时，赵洪祥不假思索地回答了记者的问题：“那是因为大多数的人心里存在障碍——在做事之前把困难想得太多，估计得太严重了，结果事情还没做，自己就已经被想象的困难吓倒了。另外一点，是因为这些人往往处在比较好的条件，在前途未卜的时候患得患失，顾虑重重。”用赵洪祥的话来形容自己的经历：我从小生活在社会的最底层，家里很穷，所以我从来就没觉得做什么事情是不划算的。

因为小时候家里很穷，赵洪祥初中没毕业就走上了社会，然而经过几十年的摸爬滚打之后，赵洪祥总结自己的成长。他觉得：在创业初期，靠的是追求，一种忘我的追求，这个阶段是比较简单的；到了企业成长阶段，就如同人的成长一样，需要通过不断的学习去完善自己，这个阶段相对来说也比较困难。

为了检验自己多年的积累是否能够达到现在社会的要求，同时也为了考察自己这么多年以来的学习是否系统，赵洪祥想试试一个初中没毕业的学生和 MBA 之间还差多远，于是他参加了中欧 MBA 的考试。“四门课综合下来差 15 分，我分析主要是高等数学和统计拉的分。不过，参加这次考试我很高兴，没考上我也很平静。我明年还会继续考的，我要让自己有一个系统学习的机会，这一直是我的一大弱点。”

大多数创业成功的人，都不是最聪明的、最富有资源的和最被公众看好的人，但一定是一个最自信的人。赵洪祥的故事再一次证明了这一点。

惰性就是大脑的迟钝剂

当古代以色列人离开埃及被红海阻拦时，他们的领袖向上帝祈求救助，上帝的回答是："你为什么向我呼喊求救呢？对以色列的子民们去说吧，他们会一直奋勇向前。"果然，当以色列人凭着坚忍的信念走进红海时，海水分开，在波涛滚滚之中，露出一条陆地通道，他们成功地到达了彼岸。

人生何尝不是如此呢？问题在于，我们总是一刻不停地寻找那些所谓的"重要"机遇，希望靠一个"机会"来达到致富或成名的目的，即爱默生所指出的那种"浅薄的美国主义"。我们不想有什么锻炼或做什么学徒工，我们只想一下子就成为大师级的人物；我们不想努力地学习，只想轻松获得知识；我们不想脚踏实地实干，只想有巨大的收获。

对于懒惰者而言，即使千载难逢的机遇也毫无用处，而勤奋者却能将最平凡的机会变为千载难逢的机遇。想一想，尘世间有无数的工作在等人去做，而人类的本质又是那么特殊，哪怕是一句欢快的话语或是些许帮助，就会有助于别人力挽狂澜或是为他们的成功扫清了道路，上天赋予我们的才能是均等的，我们都有成就自己的可能。所以，不要等待机会出现，而是要寻找机会，发现机会，创造机会，这就需要我们行动，需要我们智慧的行动，充满爱心的行动和完全对自己负责的行动。只有你上路时，你才能领略一路风光美景。

惰性是一种隐藏在你内心深处的东西，一帆风顺的时候，你也许看不到它，而当你碰到困难，身心疲惫，萎靡不振时，它就会恶魔一样吞噬你的耐力，阻碍你走向成功，所以，我们必须克服它，要时刻想着从困难的旋涡中挣脱出来。

古今中外，凡事业有成者必有耐力，坚定执着、不屈不挠的斗志是他们获得成功的关键。发明大王爱迪生在分析自己的亲身经历时，无不感叹地说："世上哪有什么天才。天才是百分之一的天分，加上百分之九十九的努力。"他告诫人们，要想有所作为，就必克服惰性，以饱满的热情，坚定执着地面对一切。

当你身心疲惫时，你会觉得连动一个小指头都很吃力，可是靠着坚强的耐心，活动的速度也会加快，最终能够完全按照自己的意志自由活动了，这就是克服惰性的耐力带给你的成功！

在创业成功的路上，总会碰到这样或那样的困难和挫折。有耐力的人遇到困难和挫折时，就像投了保险一样镇定自若，决不会惊慌失措，更不会像斗败的公鸡一样垂头丧气。他们无论失败多少次，最后必定得到事业的成功。

古人云："天将降大任于斯人，必先苦其心志……"这就好像有人故意安排，成功者必须经历种种失败和挫折的考验，只有不畏困苦的锤炼，跌倒了也毫不在乎地站起来并继续昂首前进的人，才能获得最后的成功。隐藏在内心深处的惰性是不会让人轻易通过耐力测试的。要享受成功的喜悦，换而言之，就是要有坚强的耐力，就必须克服与生俱来的惰性。

有耐力的人就必定有所收获。不管这些人的目标是什么，他们在经历无数的风雨之后，必定有赢得成功的一天。不仅如此，他们除了获得最终的成功之外，还能从中更深地体会到——无论哪一次失败和挫折，必然藏有能产生更大希望的成功。

纵观古今，还没有听说过有哪一个懒惰成性的人取得过什么成功。只有那些在困难和挫折面前全力拼搏的人，才有可能达到成功的巅峰，才有可能走在时代的最前列。对于那些从来不愿接受新的挑战，不敢正视困难与挫折和无法迫使自己去从事艰辛繁重的工作的人来说，他们是永远不可能有太大成就的。

所以，我们应该严格要求自己，不要放任自己无所事事地打发时光；不要让惰性爬出来咬噬我们的斗志，我们要学会调节自己的情绪；不管是处于一种什么样的心境，都要迫使自己去努力工作。

绝大多数的失败者之所以失败，是因为他们内心深处滋长了惰性。他们不能获得最后的成功是因为他们不肯从事辛苦的工作，不愿付出辛勤的劳动，不愿意做出必要的努力。他们所希望的只是一种安逸的生活，他们陶醉于现有的一切。身体上的懒惰懈怠、精神上的彷徨冷漠，对一切放任自流，总想逃避挑战，去过一劳永逸的生活——所有这一切，使他们慢慢地变得默默无闻、碌碌无为。

一个人在工作上、生活上的惰性，最初的症状之一就是他理想与抱负在不知不觉中日渐褪色和萎缩。对于每一个渴望成功的人来说，养成时刻检视自己的抱负的习惯，并永远保持高昂的斗志是至关重要的。要知道，一切取决于我们的远大志向，一个人如果胸无大志，游戏人生，那就是非常危险的。要命的是，一旦我们停止使用我们的肌肉和大脑的话，一些本来就具备的优势和能力也会在日积月累之后开始生疏、退化，最终离我们而去。如果我们不能不断地给自己的抱负加油，如果你不通过反复的实践来强化我们的能力，不彻底铲除隐藏在心底的惰性的话，那么，成功就会变得离我们异常遥远。

在我们周围的人群中，由于没有克服惰性，最后理想破灭，斗志丧失的人数不胜数。尽管他们外表看来与常人无异，但实际上曾经一度在他们心中燃烧的热情之火已经熄灭，取而代之的是无边无际的黑暗。

对于任何人来说，不管他现在的处境多么恶劣，或者先天条件多么糟糕，只要有耐力，只要他能够保持高昂的斗志，热情之火不灭，那么他就大有希望；但是，如果他任由惰性蔓延，变得颓废消极，心如死灰，那么，人生的锋芒和锐气也就消失殆尽了。在我们生活中，最大的挑战就是如何克服心底的惰性，保持高昂的斗志，让渴望成功的炽热火焰永远燃烧。

不要为打翻的牛奶哭泣

“不要为打翻的牛奶哭泣”既是一句有名的英语格言，也是正视失败的一个关键因素。当面临挫折时，我们常常被懊恼、悔恨等情绪所左右，以致把已有的失败变成了更大的失败、更大的痛苦。

有着重要医学成就的科学家史蒂芬·葛雷，之所以拥有超乎凡人的创造力，就是得益于小时候母亲对他正视失败的教导。有一次，他尝试着从冰箱里拿一瓶牛奶，但瓶子很滑，失手让瓶子掉在地上，溅得满地都是牛奶。他的母亲来到厨房，没有对他大呼小叫，教训或惩罚他，她说：“哇，你制造的混乱还真棒！我从来没看见过这么大的奶水坑。反正损害已经造成了，在我们清理它之前你要不要在牛奶中玩几分钟？”他的确这么做了。几分钟后，他母亲说：“你知道，每次当你制造这样的混乱时，最好你还是把它清理干净，让它物归原处。所以，你想这么做吗？我们可以用一块海绵、一条毛巾或一只拖把。你喜欢哪一种？”他选择了海绵，于是他们一起清理打翻了的牛奶。他母亲又说：“你知道，我们在如何有效地用两只小手拿大牛奶瓶上已经做了个失败的实验。让我们到后院去，把瓶子装满水，看看你是否可以拿得动它。”史蒂芬·葛雷学会了，如果用双手抓住瓶子上端接近瓶嘴的地方，他就可以拿住它不会掉。从那一刻起，对这个知名的科学家来说，他知道了他不需要害怕错误，错误只是学习新东西的机会。科学实验也是如此，即使实验失败，我们也还是会从中学到有价值的东西。

慎说“我不能”

你的信心在哪里，你就在哪里。一个外国老太太在年届 70 岁时开始学习登山，随后的 25 年中一直冒险攀登高山，其中几座还是世界上有名的山峰，在她 95 岁高龄时登上了日本的富士山，打破了攀登此山年龄最高纪录。她成功的原因在于，她认为“个人能做什么事不在于年龄的大小，而在于有什么样的想法”。

11 岁的安琪拉患了一种神经系统的疾病，无法走路，甚至举手投足也受到诸多限制，医生预测她的余生将在轮椅上度过。但是，安琪拉并不畏惧，躺在医院病床上，向任何一个愿意倾听的人发誓，有一天她绝对会站起来走路。后来她被转到旧金山湾区的复健专科医院，医生深为她不屈的意志所折服，便教她运用想象力去看到自己在走路，医生认为这至少能给予安琪拉希望，使她在长期卧床中能有些积极的想法。但是，安琪拉却做得非常认真。

有一天，她再度使尽全力想象自己的双腿在行动时，床真的动了，并开始向房间外移动。她兴奋地大叫：“看看我！看啊！看啊！我动了！我可以动了。”医生隐瞒了地震的事实，让安琪拉相信是她真的动了。结果，几年后，安琪拉真的又回到了学校，不用拐杖，不用轮椅，而是用她的双脚。

“我不能”死了，信心才能诞生。唐娜是美国一位即将退休的小学四年级的老师，一天她要求班上的学生和她一起在纸上认真填写自己认为“做不到”的事情。每个人都在纸上写下他们所不能做的事，诸如“我没法做 10 次仰卧起坐”“我不能吃一块饼干就停止”。唐娜则写下“我无法让约翰的母亲来参加母子会”“我没办法让黛比喜欢我”“我无法不好好管教亚伦”。然后大家将纸张投入了一个空盒内，将盒子埋在了运动场的一个角落里。唐娜为这个埋葬仪式致辞：“各位朋友，今天很荣幸能邀请各位来参加‘我不能’先生的葬礼。他在世的时候，参与我们的生命，甚至比任何人影响我们还深。……现在，希望‘我不能’先生平静安息……希望您的兄弟姊妹‘我可以’‘我愿意’能继承您的事业。虽然他们不如您有名，有影响力。愿‘我不能’先生安息，也希望他的死能鼓励更多人站起来，向前迈进。阿门！”

之后，唐娜将‘我不能’纸墓碑挂在教室中，每当有学生无意说出：“我不能……”这句话时，她便指向这个象征死亡的标志，孩子们就立刻想起“我不能”已经死了，进而想出积极的解决方法。唐娜对孩子们的训练，实际上是我们每个人的必修功课。如果我们经常有意无意地暗示自己“我不能”，那么，这种坏的信念就会摧毁我们的一切，而“我可以”“我愿意”等积极的暗示，则可以调动起我们积极的潜意识，使我们踏上成功之路。

格局决定成就

命运掌握在自己手中。但你的心灵之门如果不打开，就无法改变既定的局面。

有个钓者在岸边岩石上垂钓，有几名游客在欣赏海景之余，亦围观钓上岸的鱼。

只见钓者竿子一扬，钓上了一条大鱼，约有三尺长，落在岸上后，那条鱼仍腾跳不已。钓者冷静地解下鱼嘴内的钓钩，顺手将鱼丢回海中。

围观的众人响起一阵惊呼，这么大的鱼还不能令他满意，足见钓者的雄心之大。就在众人屏息以待之际，钓者鱼竿又是一扬，这次钓上的是一条两尺的鱼，钓者仍是不多看一眼，解下鱼钩，便将这条鱼放回海里。

第三次钓者的钓竿又再扬起，只见钓线末端钩着一条不到一尺长的小鱼。

围观众人以为这条鱼也将和前两条大鱼一样，被放回大海。却不料钓者将鱼解下后，小心地放进自己的鱼篓中。游客中有人百思不得不解，遂问钓者为何舍大鱼而留小鱼。

钓者回答："喔，那是因为我家里最大的盘子，只不过有一尺长，太大的鱼钓回去，盘子也装不下……"

舍三尺长的大鱼而取不到一尺的小鱼，这是令人难以理解的取舍标准；而钓者的唯一理由，竟是因为家中的盘子太小，盛不下大鱼。

在我们的生活经历中，许多人都经历过类似的事情。例如，因为自己平凡的背景，而不敢去梦想非凡的成就；因为自己学历的不足，而不敢立下宏伟大志；因为自己的无知，而不愿打开心扉，去追求更好的生活。可是如果你不主动打破生命的格局，你就无法改变你的人生。

幸福时常写在脸上

一天清晨，在一列老式火车的卧车中，有五个男士正挤在洗手间里刮胡子。经过了一夜的疲困，隔日清晨通常会有不少人在这个狭窄的地方洗漱一番。此时的人们多半神情漠然，彼此间也不交谈。

就在此刻，突然有一个面带微笑的男人走了进来，他愉快地向大家道早安，但是却没有人理会他的招呼。之后，当他准备开始刮胡子时，竟然自若地哼起歌来，神情显得十分愉快。他的这番举止令这几个人感到极度不悦。于是有人冷冷地、带着讽刺的口吻对这个男人问道："喂！你好像很得意的样子，怎么回事呢？"

"是的，你说得没错。"男人如此回答着，"正如你所说的，我是很得意，我真的觉得很愉快。"然后，他又说道："我只是把使自己觉得幸福这件事，当成一种习惯罢了。"

事实上，这句话确实具有深刻的哲理。不论是幸运或不幸的事，人们心中习惯性的想法往往占有决定性的影响地位。有一位名人说："困苦人的日子都是愁苦；心中欢畅者则常享盛馔。"这段话的意义是告诫世人设法培养愉快之心，并把幸福当成一种习惯，那么，生活将成为一连串的欢宴。

欲望太多会拖累人

俄国作家托尔斯泰写过一则短篇故事：有个农夫，每天早出晚归地耕种一小片贫瘠的土地，收成很少。一位天使可怜农夫的境遇，就对农夫说，只要他能不断往前跑，他跑过的所有地方，不管多大，那些土地就全部归给他。

于是，农夫兴奋地向前跑，一直跑，一直不停地跑！跑累了，想停下来休息，然而，一想到家里的妻子、儿女，都需要更大的土地来耕作，来赚钱，他又拼命地再往前跑！实在是累了，农夫上气不接下气，实在跑不动了！

可是，农夫又想到将来年纪大了，养老需要钱，就再打起精神，不顾气喘不已的身子，再奋力向前跑！

最后，他体力不支，“咚”地躺倒在地上，死了！

的确，人活在世上，必须努力奋斗；但是，当人为了自己、为了子女、为了有更好的生活而必须不断地“往前跑”，不断地“拼命赚钱”时，也必须清楚知道有时该是“往回跑的时候了”！因为家里的亲人正等你回来呢！

有一只狐狸，看围墙里有一株葡萄，枝上结满了诱人的葡萄。狐狸垂涎欲滴，它四处寻找进口，终于发现一个小洞，可是洞口太小了，它的身体无法进入。于是，它在围墙外绝食六天，饿瘦了自己，终于穿过了小洞，幸福地吃上了葡萄。可是后来它发现吃得饱饱的身体，让它无法钻回到围墙外，于是，又绝食六天，再次饿瘦了身体。结果，回到围墙外的狐狸仍旧是原来那只狐狸。

而与狐狸一样境况的老鼠则没狐狸那么幸运。这只倒霉的老鼠，在饥饿时惊喜地发现主人的米缸盖未盖严，它“幸运”地钻进米缸，敞开肚皮吃得滚壮溜圆。因为肚皮太圆，它无法从原路出去。第二天，主人打开米缸时，它甚至连爬动都很笨拙，它的命运可想而知。

不要太羡慕那些生活过于富足和奢侈的人们。表面上，他们看似很幸福，实际他们也很苦。就如同狐狸吃到了葡萄，可它得有一个绝食六天的过程，这六天可不是一般人能耐得住的。说到底，是吃到了与没吃到都是那只狐狸。人也是如此，享受到与没享受到都是你自己。

记住，在索取面前要懂得节制，在诱惑面前要懂得拒绝。

受用一生的六字箴言

西部一个年轻人离开故乡，试图去远方开创自己的前途。少小离家，云山苍苍，心里难免有几分惶恐。他动身的第一站，是去拜访本族族长，请求指点。

老族长正在临帖练字，他听说本族有位后生开始踏上人生的旅途，就随手写了“不要怕”三个字，然后抬起头来，望着前来求教的年轻人说：“孩子，人们的秘诀只有六个字，今天先告诉你三个字，够你半生受用。”

10 年后，这名年轻人已人到中年，有一些成就，也添了很多心事，归程日短，近乡情怯，他又拜访那位族长。

他到了老族长家里，才知道老人家几年前已经去世。家人取出一个密封的封套来对他说：“这是老先生生前留给你的，他说有一天你会回来。”还乡的游子这才想起来，10 年前他在这里听到的只是人生的一半秘诀，拆开封套，里面赫然又是三个字：“不要悔。”

对了，人生在世，中年以前不要怕，中年以后不要悔，这是经验的提炼，智慧的浓缩。这六字箴言的意义，要一本长篇小说才说得清楚。但是相信对那些有慧根的人，这几个字也就够了。留一点余味让人咀嚼体会，岂不更好？

第三章

合理利用每分每秒，滴水穿石

人们常说，时间就是金钱。然而，时间的重要性在某种程度上甚至超过了金钱本身。

管理大师彼得·德鲁克说：“认识你的时间，是每个人只要肯做就能做到的，这是一个人走向成功的有效的自由之路。”

时间就是最高的成本

对时间的观念决定了你是未来的胜利者还是失败者。

有成功潜质的人对时间比金钱还要看重。对于他们来说，时间就是财富。

时间是一种珍贵的资源，对任何人来说，时间都是公平而且有限的。

名牌律师、大公司的咨询师的报酬是按小时来计算的。如果哪个人被一位1小时报酬为5000美元的大律师盯上了，那你的霉运也许就要来了。因为，和所有的富人一样，他在你身上索取的可能会是数以百万计的财产。

在一本书中曾经看到，瑞士的婴儿在降生之后，医院会立即通过计算机户籍网络给他（她）编号，同时，医院还会将此婴儿的姓名、性别、出生时间、家庭住址等等输入户籍卡中。由于瑞士的户籍卡是统一的格式，因此，即使是刚刚出生的婴儿也会与成年人一样，有一个财产状况的栏目。

据说，有一位南美“黑客”，十分羡慕瑞士的社会福利待遇，所以想把自己刚刚出生的婴儿注册为瑞士籍。于是，他通过国际互联网侵入到瑞士的户籍网络，并按照户籍卡中的要求，逐一填写了有关表格。在填写财产这一栏时，他随便敲入了3.6万瑞士法郎。看到自己天衣无缝的杰作，这名“黑客”沾沾自喜，暗自庆幸自己从此有了一个“瑞士儿子”。

谁知不出三天，“黑客”的所作所为便露出了马脚。叫人称奇的是，发现这个假冒的人，并非是户籍管理员，而是一位家庭主妇。她在为自己的孩子注册户口时，不经意间发现前一个婴儿在财产栏目中填写了3.6万瑞士法郎。她觉得十分奇怪，因为几乎所有的瑞士人在为自己的初生婴儿填写所拥有的财产时，写的都是“时间”。他们认为，对于一个孩子，尤其是一个刚出生的婴儿来说，他所拥有的财富，只能是时间，而不会是其他什么别的东西。

瑞士人对财富的看法，确实有独到之处。一个人来到世间，最大的财富是什么？说到底就是他的生命，而生命又是以时间来计算的，因此，从个人角度来看，一个人拥有最大的财富就是自己的时间。一个人，从婴儿到老人，从出生到死亡，就是一个逐渐支付时间的过程。用时间来换取知识，用时间来换取金钱，用时间来换取权势。人，就是这样不知不觉地将自己唯一拥有的本钱——时间，一点一点地支付出去，花费掉，直到走到生命的尽头。

时间和金钱是两种可以相互转化的资源，钱和时间成反比。从一个地方到另一个地方，要节约钱只能选择公共汽车甚至走路，要节约时间就必须付数倍于公共汽车票价的钱去打出租车。一个享受充裕时间的人不可能挣大钱，一个腰缠万贯的人也不会视时间如尘灰。要拥有更多的钱必须牺牲相应的闲暇时间，要想悠闲轻松就会失去更多挣钱的机会。

时间的含金量对每一个人是不同的，像比尔·盖茨之类的世界级富豪，日进千万美元，每秒钟都有成千上万的钞票往账户上滚，所以就是穷国的总统想见他一次，恐怕都要预约。

“你热爱生命吗？那么别浪费时间，因为时间是组成生命的材料。”

“记住，时间就是金钱。假如说，一个每天能挣10个先令的人，玩了半天，或躺在沙发上消磨了半天，他以为他在娱乐上仅仅花了6个便士而已。不过！他还失掉了他本可以挣得的5个先令……记住，金钱就其本性来说，绝不是不能升值的。钱能生钱。而且它的子孙还会有更多的子孙……谁杀死一头生崽的猪，那就是消灭了它的一切后裔，以至它的子孙万代。如果谁毁掉了 5 先令的钱，那就是毁掉了它所能产生的一切，也就是说，毁掉了一座英镑之山。”

这是著名的思想家本杰明·富兰克林的一段名言，他通俗而又直接地阐述了这样一个道理：如果想成功，必须重视时间的价值。

经验表明，成功与失败的界限在于怎样分配时间，怎样安排时间。人们往往认为，这儿几分钟，那儿几小时没什么用，但它们的作用很大。时间上的这种差别非常微妙，要过几十年才看得出来。但有时这种差别又很明显。

贝尔就是这种例子。贝尔在研制电话机时，另一个叫格雷的也在进行这项试验。两个人几乎同时获得了突破，但是贝尔到达专利局比格雷早了两小时，当然，这两人是互不知道对方的，但贝尔就因这 120 分钟而取得了成功。

时间的特点是，既不能逆转，也不能贮存，是一种不能再生的、特殊的资源，因此一切节约归根结底都是时间的节约。

《有效的管理者》一书的作者彼得·德鲁克说：“认识你的时间，是每个人只要肯做就能做到的，这是一个人走向成功的有效的自由之路。”

要善于集中时间，切忌平均分配时间。要把自己有限的时间集中在处理最重要的事情上，切忌不可每样工作都抓，要有勇气并机智地拒绝不必要的事、次要的事。一件事情来了，首先要问：“这件事情值不值得做?”绝不可遇到事情就做，更不能因为反正做了事，没有偷懒，就心安理得。

要更努力，要善于利用零散时间。时间不可能集中，往往出现很多零散时间。要珍惜并充分利用大大小小的零散时间，把零散时间用来从事零碎的工作，从而最大限度地提高自己的工作效率。

时间比金钱贵重得多

一次，毕加索在一家餐馆吃饭，有一位女士请他在餐巾纸上画一幅画，他要多少钱她都照付。毕加索画完后说：

“一万元。”

“但是，你只用了30秒钟啊！”那位女士不满地说。

“不对！”毕加索说，“是40年零30秒。”

有人说，时间就是金钱。这句箴言所讲得远不够充分。时间要比金钱珍贵得多。如果你有时间，你就能获得金钱——往往如此。但是即使你有着李嘉诚一样的财产，你也无法买到比别人每天多出一分钟的时间。

你可以对慈善事业进行付出，但生意场上千万不要轻易付出。把你专业能力的价值定到最高值，充满自信地向世人证明你具有这个身价。只要别人来找你，就向他们收费。谦虚而有礼节的人，其才华和能力也许都很好，但别人太容易忽视或低估他们。无论哪一行，自我肯定、自我推销都是成功的必要条件。

许多行业，对自己的产品或服务要价太低，要不就是到了万不得已非涨价不可的时候，还拖拖拉拉好半天。艺术家、作家、手工业者、顾问、医生等各种专业人士，对自己的专业满怀自信。

曾有一位做特殊专业服务人士，听人劝解把费用从每天的500美元，提高到每天的2500美元。这彻底地违背了他的意愿，但他还是满怀恐惧地照办了，向客户和同行宣布了他的新的收费标准。结果，他只失去了寥寥几个客户，但却拉到了更棒的客户。虽然他遭到一些人的抱怨，但是却有更多的客户毫无怨言地与他继续合作。甚至还有人问他，为什么拖到现在才把费用调整到合理的价格。

从过去到现在，许多人都与他的想法类似。这种自己要向客户收取一笔费用的恐惧心理，比比皆是。

还有一大堆关于“给予”的说法。许多人喜欢谈论“给予”专业知识、时间、服务等，然后相信这种“给予”会有所回报。至于我呢，则赞成把你自己和你的钱“给予”值得帮助的人，或是社区的机关团体。这是十分值得做的慈善行为，精神上也会觉得充实，甚至还有钱可赚。不是为私人获利用的慈善捐款，最终会把利息还给捐献者。

然而在商业圈中，这种“奉献的态度”最终往往是好心没有好报。在商业中，你必须尽可能地保护自己的构想、信息和利益，对你的知识和才能，要获得全额、最高的报酬。你要求别人尊重你，别人就会尊重你。

当然，你要竭尽全力做得比顾客期望的还要好。你也必须在每个适当的时机，要求他的雇员好好表现，追求进步，觉得有所收获。但说到底，这不过是你精打细算的投资，而不是“给予”。不要把这两件事混在一起。

你决不要把你的知识、才能及时间等拱手送给他人。

每天你都在忙什么？

在一天24小时的预算里，要想充实而愉快地度过，首要的一点就是要冷静地意识到它极高的难度，它需要付出牺牲与不懈的努力。

——阿诺德·贝内特

现代社会，人人以忙为荣，即使无事也要装着很忙的样子，以免被别人看不起。

“我约了人在大酒店吃午饭，我很忙啊。”

“我们俩请你吃碗杂碎面好了。”

“我一秒钟值几十万呢。”

这是电影《少林足球》里的一个经典镜头，一事无成的师兄偏要装成日理万机的样子。

也有的人是有事忙，可又忙不到点上。这种人认为，只要忙忙碌碌，人生就没有白过。他们往往不去安排，甚至不会安排工作，他们习惯了按任务的紧迫程度而不按重要性安排工作，因此，常常看到他们到处开“救火车”，忙得不亦乐乎；他们把临时突击当成完成任务的妙法，往往把重要的该办的事拖到最后，结果顾此失彼，穷于应付。他们常常碰到什么做什么，先来先做。有电话来先回电话，有人到办公室聊天，先陪着聊天。他们做工作根据个人爱好而定，喜欢做什么就先做什么，不能合理地利用宝贵的时间；至于因疏忽小事而造成忙乱，因苟且偷生而成为“往事的俘虏”，因抓不住主要矛盾而舍本求末，因迷惑于复杂纷纭的现象，而眉毛胡子一把抓，等等。

其实，最容易的是忙碌，最难的是有成效地工作。管理专家索罗说过：“忙碌本身，不值得称道……问题在于，我们忙些什么？”

行为管理的妙诀在于对自己的行为应该进行选择，行动之前首先考虑的是应该做什么和不应该做什么。不但有害无益的行为必须根除，而且可做不可做的事少做或不做，就是有益的活动也要精心筛选。美中贸易全国委员会主席唐纳德·C. 伯纳姆在《提高生产率》一书中讲到提高效率的“三原则”，对我们进行行为选择是很有启示的。这“三原则”是每做一件事情时，应该先问三个“能不能”：能不能取消它，能不能把它与别的事情合并起来做，能不能用简便的方法来取代它。

一位著名的哲学家说过：“在人类所犯的愚蠢的错误中，最常见的一个就是他们常常忘记他们所应该做的事情是什么。”如果无论遇见什么事，都问三个“能不能”，这样，你定能学会做应该做的事，少做可做可不做的事，不做不应该做的事。那么，无事忙的悲剧也就不会发生了。

如何高效利用时间

假如闲谈是无益的，那么你应尽量避免它。珍惜时间者善于应付来客的拜访，决不会和人长久闲聊。

某位大公司的老总向来就有待客谦恭有礼的美名，他每次与来客把事情谈妥后，便很有礼貌地站起来，与客人握手道歉，遗憾地说自己不能有更多的时间再多谈一会儿。那些客人都很理解他，对他的诚恳态度也都非常满意，所以就不会再想到他竟然连多谈一会儿都不肯赏脸。

那些在大银行、大公司工作的许多经理们，在各大企业财团工作的许多高级职员们，多年来都养成了这种本领。有很多实力雄厚、深谋远虑、目光敏锐、吃苦耐劳的大企业家，都是以沉默寡言和办事迅速、敏捷而著称的。他们所说出来的话，都有一定的目的。他们从来不愿意在这里头多耗费一点一滴的宝贵资本——时间。当然，有时一个做事待人简洁快速的人，也容易引起一些不满，但他们绝对不会把这些不满放在心上。为了要在事业上有所成就，为了要恪守自己的规矩和原则，他们不得不减少与那些和他们事业没什么关系的人来往。

成功商人最可贵的本领之一就是与人交往时，都能简洁迅速。这是一般成功者都具有的通行证。一个人只有真正认识到时间的宝贵，他才有意志力去防止那些爱饶舌的人来打扰他。

在富兰克林报社前面的书店里，一位犹豫了将近一个小时的男人终于开口问店员："这本书多少钱？""一美元。"店员回答，"一美元？"这人又问，"你能不能少要点？""他的价格就是一美元。"店员说。这位顾客又看了一会儿，然后问："富兰克林先生在吗？"

“在!”店员回答:“他在印制室忙着呢!”“那好，我要见见他。”

这个人坚持一定要见富兰克林。于是，富兰克林就出来了。这个人问:“富兰克林先生，这本书你能出的最低价格是多少?”“一美元二十五美分。”富兰克林不假思索地回答。“一美元二十五美分?你的店员刚才说一美元一本呢!”“这没错，”富兰克林说，“但是，我情愿倒找给你一美元也不愿意离开我的工作。”

这位顾客惊呆了。心想，算了，结束这场自己引起的纷争吧!想到这儿，他问:“好，这样，你说这本书是最少多少钱吧!”“一美元五十美分。”“又变成一美元五十美分?你刚才不还说一美元二十五分吗?”“对!”富兰克林冷冷地说:“我现在能出的最好价钱就是一美元五十美分。”这人默默地把钱放到柜台上，拿起书出去了。这位著名的物理学家和政治学家给他上了终身难忘的一课:对于有志者，时间就是金钱。

世界上最公平的事莫过于每个人一天都只有24小时。有的人善用24小时，创造了奇迹，造就了自己，成就了他人;有的人却终日浑浑噩噩，一事无成。

而要想学会最节省时间的办法，首先就要学会对那些占用你的时间的人说“不”，拒绝去做那些你可以不做的事，拒绝理会那些你可以不理会的人，你会发现你的时间一下子变得充裕起来。别担心过去对时间的挥霍无度，只要马上开始善用自己的时间，一切都不会迟。

在美国现代企业界里，与人接洽生意时以最少时间产生最大效率的人，首推金融大王摩根。为了恪守珍惜时间的原则，他招致了许多怨恨，但其实人人都应该把摩根作为这一方面的典范，人人应该具有这种珍惜时间的理念。

摩根的晚年仍然是每天上午9点30分进入办公室，下午5点回家。有人对摩根的资本进行了计算后说，他每分钟的收入是20美元，但摩根自己说好像还不止。除了与生意上特别重要关系的人商谈外，他还从来没有与人谈到5分钟以上。

严格自己的作息，也是善用时间的一个表现。

早晨闹钟响了，该起来跑步，可今天实在不想起，再睡会儿吧；晚上下班回来吃完饭，本想看会儿书学点新东西，或复习复习英语，可无意间看了一眼电视，竟被剧情吸引了，结果这个连续剧有40集，你的学习计划早被女主角的眼泪给冲跑了；逛商场时本想着只是“看看不买”，没想到厂家又在搞促销，这身衣服居然打六折，买吧，这样这个月的储蓄计划又告吹了，其实那身衣服穿了两天就挂在柜里了，可买可不买的东西嘛；礼拜天原本想着带孩子去科技馆，可朋友打电话来说“三缺一”，救场如救火，再说好久没玩牌了，手真痒，去吧……

生活中充满了数不清的随意性，更要命的是，没有人会替你去管理你的生命。在学校里有老师管着，让你按时完成作业；上班有领导管着，去检查你的考勤与工作进展。自己的日常生活与人生的重大安排呢？从决策到执行到监督落实，其实应该全靠你自己。

给自己制订出计划以及纪律，严格要求自己，看似委屈了自己，强迫自己放弃了很多生活的乐趣，不能够随意、潇洒地生活。其实大家都明白，眼前的这种严格自律，正是你养成良好习惯，克服种种惰性，从而享受高质量生活的前提。

不要随意放纵自己，不要轻易向各种诱惑低头，坚持自己的方向与计划，管理好自己的人生。否则，你很可能随波逐流，贪图眼前的一点点安逸享受，而损失掉生命中的真正财富。

我们必须清醒地认识到人类身上可能存在的惰性，必须时刻去提醒自己克服这种惰性，我们必须铭记：每件事情都必须有一个期限，否则，我们就会有多少时间就花多少时间，即使给我们再多的时间都不够用。

在许多时候，我们会有一种追求完美的想法，加上事情本身又没有期限限制，那么就再花些时间把它做得更好些吧，反正已经花了那么多时间了，再拖几天也无妨。在这种泥沼中，你会越陷越深。

如果不给自己做的事情一个期限，这件事情可能会被无限期地拖下去，永无完成之日。

美国商界奇才鲍伯·费伯在他的每个工作日里，一开始的第一件事情，就是将当天的事情分作三种。

第一种是能带来新生意，增加营业收入的工作。

第二种是能维持现状的工作。

第三种是必须去做，但对企业利润完全没有价值的工作。

鲍伯在完成第一种工作前决不会着手第二种工作，在完成第二种工作之前决不会染指第三类工作。

鲍伯给自己规定必须在中午前完成第一种工作，因为他在上午时状态最好。

你必须给自己做的事一个期限，不要无休止地拖拖拉拉。

知道什么才是当前最应该做的

有一名一等兵，在第一次世界大战期间服役时尽心尽职。有一天，他开着带帆布顶篷的卡车，艰难地行驶在前线被融雪浸泡的道路上。

卡车已经陷了两次了，到了第三次，一等兵一直担心的事情发生了，汽车滑进泥坑直陷到车轴处。

正在这时，随着一阵响亮的汽车喇叭车，一队轿车从右边驶过，看到这辆陷入困境的卡车，车队立即停下来。一位身着红色佩带的将军从第一辆车中走了出来招手，让一等兵过去。

“遇到麻烦了？”

“是的，将军先生。”

“车陷住了？”

“陷在泥坑里，将军先生。”

这位将军仔细地观察了一下，这时，他想起新颁发的一项要求加强官兵之间的战友情的命令，于是，他决定身体力行地给大家做个榜样。

“注意了！”他拍拍手用命令的口气高声叫喊着，“全体下车！军官先生们过来！我们让一等兵先生重新跑起来！干活吧，先生们！”

从车队里钻出整整一个司令部的军官、少校、上尉，一个个穿着整洁的军服。他们同将军一起埋头猛干起来，又推又拉，又扛又抬。就这样干了10多分钟，汽车才从泥坑中出来。

我们可以想象当这些军官穿着满是泥巴的军服钻进汽车时，他们的样子是何等的狼狈，他们在心里又是怎样诅咒这命令。将军留在最后，为自己的善举而扬扬自得，他又走到一等兵面前。

“对我们还满意吗？”

“是的，将军先生！”

“让我看看，您在车上装了些什么？”

将军拉开篷布，看见在车厢里坐着整整 18 个一等兵。

行动之前的决定是由一连串的判断而来的。从问题的发现开始，我们就要判断这个问题值不值得我们去花心思研究。接着找出几个可能的原因，并判断哪几个原因有可能是真正的原因。从发现问题到找出哪一个才是真正的原因，都需要经过认真思考，调查再做判断。

简单地说，从思考到做出一个决定的过程中，判断是一个环节，不停地过滤掉不合逻辑的东西，剩下的答案，就是我们所应采取的行动。

在做任何决定时，一定要考虑到行动应如何实施，如果我们事前就做好实施计划，必定可以达到“以最小力量取得最好效果”的目的。

事实上，在我们生活中，有很多事只需要花很少的力气，就可以有很完美的效果，只是我们都忽略了事前规划这项工作。

我们在做事、思考时，最应避免的是没有逻辑。经常该做的事没做，不该做的事乱做一通，根本不知什么是轻重缓急。例如，功课没做完，就先看电视，等电视看完又困了，先睡觉再说，结果第二天不但上课迟到，作业也交不上来。这就是在做决定时，目标还没定出来，就急着做判断，判断还没完成，就急着做决定，结果做出的决定是一团糟，事实和想象差了十万八千里。这种情形，就像我们打靶时还没瞄准，就扣了扳机，结果，不仅浪费了子弹，搞不好还打到别人或物品，事后才说不是故意的，不知道结果如此，可已经晚了。

而做决定需要逻辑，为的是让预测及控制决定的结果，避免各种不当的后果出现。

人们为什么会有这样的怪毛病呢？原因很多，不外乎是好大喜功、自信过甚、力求表现……

因此，在做决定时，我们要以最小的资源、最短的时间、最小的损失为指导原则，千万不要找自己的麻烦。

在做最后的选择时，如果有简单的方法和途径，请选择简单的。除非你的目的不在于目标，而是在于“舍易求难”以表现自我的过程，那就另当别论了。例如，你家的水龙头有一天坏了，不修不行，你决定要找人来修理，你可以轻松地选择一个方法去找水电工，如打电话或是向邻居们咨询，但如果你非要亲自出去逛一圈，沿路一家一家地找水电修理铺，可能会碰上交通堵塞，浪费了时间，万一找到了一家老板有事不能出门，你又得继续沿路找另外一家。为了一个水龙头，真不知要浪费你多少时间。

最后强调：在做决定时，必须记住要以有效排除困难及障碍为第一原则。

当今最流行的优先顺序是依据轻重缓急设定短、中、长期目标，再逐个订立实现目标的计划，将有限的时间、精力加以分配，争取最高的效率。

以原则为重心，配合个人对使命的认知，兼顾重要性与急迫性，注重生命因素的均衡发展，始终把个人精力的焦点放在“重要”的事务上。如何判断“重要”？重要性与目标息息相关。凡有利于实现目标的事务均属重要，越有利于实现核心目标的就越重要。

成功的人知道要做最重要的事情，一旦把重要的事情做到了，不仅有利于个人的成长，而且可以大大地提高团队的生产力，并给我们的人生带来无比的自信、勇气以及饱满的热情和干劲。

有时候，在自己忙得不可开交的时候，不妨也向企管顾问做个咨询。其实，这不仅很有必要，而且很有效果，特别是在人生的紧要关头和企业面临更大发展的时候。

最有生产力的事情中包括最重要的事情和最紧要的事情，有些事情不是很紧要但是很重要，比如说学习，参加训练，紧要不紧要？不要紧，但是很重要，因为学习和参加训练牵涉到我们今后的生活品质和事业发展。

清楚地判断事情的优先顺序，是工作上不可欠缺的，判定清楚了，做起事来就会轻松愉快，不会变来变去。这就是决定优先顺序的最大价值。

新一代时间管理理论，把事情按紧急和重要的不同程度，分为A、B、C、D四类。

先做A、B，少做C，不做D。方向重于细节，策略胜于技巧，始终抓住“重要”的事，才是最好的节约时间的方法。A、B类事务多了，C、D类事务自然就杜绝了，长此以往，我们就会越来越有远见，有理想、有效率。

拖延的后果是致命的

“拖延带来致命的后果”，由于没有来得及早一点看到一个消息，便丢了自己的性命。美国南北战争期间，驻扎在特伦顿的雇佣军总指挥拉尔总督正在打牌时收到一份情报，情报的内容是说华盛顿的军队正在穿越德勒华，要向这里进攻。但他没有看就随手把信塞到口袋里，直到牌打完了才拿出来看。结果，等他仓促地把队伍集合起来已为时已晚，部队已经全军覆没了。仅仅几分钟的耽搁使他丧失了尊严、自由和生命！

成功有一对相貌平平的双亲——守时与精确。每个人的成功故事都取决于某个关键时刻，在这个时刻一旦表现出犹豫不决或退缩不前，就会与机遇失之交臂。

英国社会改革家乔治·罗斯金说：“从根本上说，人生的整个青年阶段是一个人个性成型、沉思默想和希望受到指点的阶段。青年阶段无时无刻不受到命运的摆布——某个时刻一旦过去，指定的工作就永远无法完成，或者说如果没有趁热打铁，某种任务也许永远都无法完成。”

拿破仑非常重视“黄金时间”，他知道，每场战役都有“关键时刻”，把握住这一“关键时刻”就意味着战争的胜利，稍有犹豫就会导致灾难性的后果。据说，在滑铁卢击败拿破仑的战役中，在那个性命攸关的上午，他自己和格鲁希就因为晚了 5 分钟而惨遭失败。布吕歇尔按时到达，而格鲁希只晚了一点点。就因为这一小段时间，拿破仑被送到了圣赫勒拿岛上，从而使成千上万人的命运发生了改变。

有一句家喻户晓的俗语应成为我们的格言警句，那就是：任何时候都可以做的事情往往永远都不会有时间去做。

与其费尽心思地把今天可以完成的任务拖到明天，还不如在今天就想办法把工作做完。而任务拖得越往后就越难以完成，做事的态度也就越是勉强。在心情愉快或热情高涨时可以完成的工作，被推迟几天或几个星期后，就会变成苦不堪言的负担。在收到信件时没有马上回复，以后再捡起来回信就不那么容易。

当机立断常常可以避免做事情的乏味和无趣。拖延则通常意味着逃避，其结果往往就是不了了之。做事情就像春天播种一样，如果没有及时把种子播下去，以后就没有合适播种的时间了。无论夏天有多长，也无法使春天被耽搁的事情得以完成。人造卫星的运转指令即使仅仅晚了一秒发出，它也会使整个卫星运行陷入混乱，后果不堪设想。

赖床是拖延症的前兆

很少有人注意到自己通常在什么时候比较懒散倦怠。有的人是在晚饭后，有的人是午饭后，还有的在晚上 7 点钟以后就什么都不想做了。每个人一天的生活往往都有一个关键时刻，如果这一天不想白过的话，这个时刻一定不要浪费。对大多数人而言，早晨几个小时往往是这一天会不会过得充实的关键时刻。

迟疑不决是导致失败的绝症，拖延磨蹭则是失败的前期症状。对那些深受犹豫不决之苦的人来说，唯一的改正办法就是做出果断的决定。否则，这一疾病将成为致胜利和成就于死地的癌症。通常来说，犹豫不决的人就是失败的人。

一位著名作家说过，床是个让人又爱又恨的东西。我们晚上上床睡觉前，想到没有完成的工作总觉得睡觉还太早；但是，我们早上同样不愿意早起床。我们每天晚上下决心第二天早上一定要早起，但是，我们每天早上还是在床上伸懒腰打呵欠，磨磨蹭蹭不愿意起床。

然而，大部分杰出人物起床都很早。俄国的彼得大帝总是天一亮就起床。他说："我要使自己的生命尽可能地延长，所以就尽可能地缩短睡觉的时间。"

阿尔弗烈德大帝总是在拂晓前起床；哥伦布也总是在清晨的几小时计划寻找新大陆的航线；拿破仑则爱在清晨考虑他最重要的战略部署。

哥白尼习惯早起，实际上，古代和现代的许多著名天文学家都习惯早起。

诗人布赖恩特 5 点钟起床，历史学家班克罗夫特天亮起床。我们所熟知的很多重要作家都起得很早。另外，华盛顿、杰斐逊、韦伯斯特、克莱和卡尔霍恩等政界要人也都习惯早起。

瓦尔特·司各特也是个非常守时的人，这就是他取得众多成就的秘密所在。他早上5点起床。他自己曾经说，到早餐时，他已经完成了一天当中最重要的工作。一位渴望有杰出成就的年轻人写信向他请教，他这样答复："一定要根除那种拖延磨蹭的毛病。要做的工作马上去做，做完工作后再去消遣，千万不要在完成工作之前先去玩乐。"

每一个渴望成功的人都要养成早起的好习惯。一般来说，一天睡眠8个小时就足够了。7个小时的睡眠其实也不算少。

如果这个人身体健康，在床上躺8小时后，他就应该起床，尽快地穿好衣服去工作。

第四章

认清自我，找寻人生方向

在一个人的职业生涯中，应当经常考虑以下三个问题：一、我想往哪方面发展？二、我能往哪方面发展？三、我应该往哪方面发展？请记住：不要回避自己性格的弱点，但一定要发挥自己性格的强项！一味地去弥补缺点，只能将自己变成一个平凡的人！发挥强项，却可以使自己出类拔萃！因此，不管你从事什么行业，一定要充分发挥自己性格的优势。

认清自我的择业观

对于想要建立一份事业的人而言，在选择职业时，所想的是应该如何通过工作单位来开拓自己的前途，虽然这条路有时是崎岖不平的。毕竟，职位、权利、地位、安全，这些大多来自工作场所，而且在人们对于有关未来事业发展的预测中，职位也是评估成功与否的最重要指标。

从行业角度来看，各行业之间差异极大：有的行业很传统，变化大都可以预知；有的行业则经常改变形态。也许在某个企业里，除非等到头发斑白，否则无法获得权力；但在另一个团体里，主管可能非常年轻，甚至连明艳照人的年轻女性，也可能跻身高层职位。因为，不同的行业会造成工作上的极大差别。

选择职业是事业打拼的一个重要转折点。选对了，可以成为成就事业的基础；选不对，将会遇到不少弯路及坎坷。所以在确定职业之前，应该考虑该职业是否符合自己的志向、兴趣和爱好，与自己所学专业是否相近，还要考虑其社会意义和未来发展前景如何，必要的工作环境和保障条件如何。

首先认清现实的处境。现实需要生存的本领、竞争的技巧和制胜的捷径，要面对社会无情的选择或残酷的淘汰。这个时候，你在选择别人，别人也在选择你，没有退路，只有向前走。要认识到有成功者就有失败者，这很正常。千万不可争强好胜，钻进牛角尖出不来。遇到难题，不妨换一个角度思考，试试把自己的姿态放低一点，说不定，很快就能柳暗花明。

影响职业选择的因素除了一个人的人生观、价值观、职业理想等因素外，个人的自身条件（如兴趣爱好、气质、性格等心理特征，性别、年龄、身体状况，教育程度、知识技能等基本素质也会对每个人的职业选择产生不同程度的制约作用，并在一定程度上影响着每个人对各类社会职业进行不同的选择。

1. 兴趣爱好

兴趣，是一个人力求认识、掌握某种事物、并经常参与该种活动的心理倾向，有些时候，兴趣还是学习或工作的动力。当人们对某种职业感兴趣，就会对该种职业活动表现出肯定的态度，就能在职业活动中调动整个心理活动的积极性，表现出开拓进取，努力工作，有助于事业的成功。反之，如果对某种职业不感兴趣，硬要强迫做自己不愿意做的工作，这无疑是一种对精力、才能的浪费，无益于工作的进步。

爱因斯坦因为热爱科学的世界而成为一代科学巨人，门捷列夫因迷恋神奇的化学世界而发现化学元素周期定律，所以说兴趣才是最好的老师。兴趣对人的发展有一种神奇的力量。

当人们在选择职业时，首先应想到自己喜欢哪种职业，对哪种职业感兴趣。兴趣是人所共有的，却又是千差万别的。有的人对文学创作感兴趣，有的人喜欢唱歌、跳舞；有的人对研究自然科学知识感兴趣，有的人则偏爱技能操作。不同的职业需要不同的兴趣特长。一个擅长技能操作的人，靠他灵巧的双手，在技能操作领域得心应手，但如果硬把他的兴趣转移到书本的理论知识上来，他就会感到英雄无用武之地。这种兴趣上的差异，便是构成人们选择职业的重要依据之一。

一个人的兴趣爱好可以是很多样的，一般说来，兴趣爱好广泛的人，选择职业的自由度就大一些，他们更能适应各种不同岗位的工作。广泛的兴趣可以促使人们注意和接触多方面的事物，为自己选择职业创造更多有利条件。

兴趣在人们选择职业时，是一种先决条件。因为有兴趣，你就可以主动去做好这项工作；没兴趣，你可能会厌恶这种工作，自己也就不会做好这项工作。需要注意的是，仅有兴趣，还不能具备选择工作的条件，还必须考虑其他条件。

2. 气质类型

心理学家认为，气质是人类的神经活动以行为方式表现出来的一种形态。它主要表现在情绪的体验。它使人的全部活动都染上某种独特的动力色彩。具有某种气质特征的人，常常在不同内容的活动中，会表现出同样方式的心理活动特点。所以说，气质也是制约人们选择职业的重要因素之一。

大多数心理学家把人的气质分为四种类型：多血质、胆汁质、黏液质和抑郁质。这四种气质类型在行为方式上各有其典型的表现。

· 多血质：活泼、好动、敏感、反应迅速、喜欢与人交往，注意力容易转移，兴趣和情趣容易变换，具有外向性。

· 胆汁质：精力旺盛，脾气急躁，情绪兴奋性高，容易冲动，反应迅速，心境变换剧烈，具有外向性。

· 黏液质：安静稳重，反应缓慢，沉默寡言，显得沉重、坚忍，情绪不易外露，注意力稳定，但难以转移，具有内向性。

· 抑郁质：情绪体验深刻、孤僻、行动迟缓，而且不强烈，具有很高的感受力，善于观察他人不易察觉的细节，具有内向性。

气质无所谓好坏、善恶之分，每一种气质都有积极的一面，也有消极的一面。

从选择职业的角度来说，多血质和胆汁质的人比较适合一些要求做出迅速、灵活反应的工作，黏液质和抑郁质的人对此则适应性较差。相反，要求细致的工作，对于黏液质、抑郁质的人较为合适，多血质和胆汁质的人则难以在这方面取得高的效率，这就好似让林黛玉去市场卖猪肉或让张飞去绣花一样，都是强人所难。

不同的职业对人的气质也有特定的要求，如驾驶员、飞行员、运动员等要具备机智、灵敏、勇敢、抗干扰等气质特点；医务工作者需具备反应灵敏、耐心、细致、热情等品质；外交人员则要具备思维敏捷、姿态潇洒、能言善辩、感染性强等特点。

总之，了解自己的气质类型及特点，有利于发挥自己的长处，提高自己适应职业的能力。

3. 个人的性格

性格是指一个人在生活过程中所形成的、对人对事的态度和通过行为方式表现出的心理特长，既是一种生活态度也是行为习惯。譬如，有的人对工作总是赤胆忠心，一丝不苟，踏实认真；有的人在待人处事时总是表现出高度的原则性，坚毅果断、有礼貌、乐于助人；有的人在对待自己的态度上总是表现出谦虚、自信的特质。

人的性格的个别差异是很大的。有的人傲气、泼辣；有的人热情、活泼；有的人沉稳、内向。有的人大胆自信有余而耐心细致不足；有的人耐心细致有余而大胆自信不足等等，不一而足。性格是由各种特征所组成的，性格与气质不同，其社会评价有明显的好坏之分。性格对气质有深刻的影响。在一定程度上性格能够掩盖和改造气质。性格还对能力的形态和发展起着制约作用。社会上几乎每一种工作都对性格品质有着特定的要求，要选择某一职业就必须具备这一职业所要求的性格特征。例如，作为一名文艺工作者，除了要具备这一职业所要求的气质、能力外，其性格应具有活泼、开朗、情感丰富的特征；作为一名教师除了具有丰富的知识外，还应具备热爱学生，对工作热情负责，正直、谦逊、以身作则等良好品质；作为医生则被要求有人道主义精神，富有同情心和责任感，一丝不苟的工作态度。实践证明，没有良好的与职业要求相匹配的性格品质，是很难顺利地适应工作的。

4. 能力制约

能力直接影响工作的效率，是工作顺利完成的个性心理特征。

它可以分为一般能力和特殊能力。例如，观察力、记忆力、理解力、想象力、注意力等属于一般能力，它们存在于广泛的工作范围；而节奏感、色彩鉴别能力等属于特殊能力，它们只会在特殊领域内发挥作用。社会上的任何一种职业对从业人员的能力都有一定的要求，如果缺乏某种职业所要求的特殊能力，即使你有机会从事这份工作，也很难胜任这份工作。所以，在选择职业时绝不能好高骛远或单从兴趣出发，要实事求是地检验一下自己的学历程度和职业能力，这样才能找到“有用武之地”的合适工作。对于会计、出纳、统计等职业，工作者必须有较强的计算能力，过于“豪放”的“能力”就不适于干这类工作；对于设计、工程、建筑甚至裁缝、电工、木工、修理工等职业，工作者要具备对空间判断的能力和抽象思维能力；对于驾驶员、飞行员、牙科医生、外科医生、雕刻家、运动员、舞蹈家等职业工作者则要具备眼与手的协调能力。

一般人在选择职业的过程中，除了受到以上种种因素的影响和制约外，个人的性别、年龄、身体状况等更是不可忽视的条件。虽然现在是男女平等，但在选择职业时，不先考虑男女在生理和心理上的差异，也就不能找到适合自己的职业，不利于自己才能的发挥，也不利于社会的发展。

由于男女生理特点不同，男性体力普遍优于女性。因此，一般来说，女性不适宜从事重体力劳动；女性的平衡力比男性强，所以诸如空中小姐、列车员等更适应女性。由于男女心理特征的差异，在智力、性格、气质、能力等方面各有特点。男性的职业选择倾向于形象思维类职业。男性多数具有胆汁质气质的特点，女性则多数具有多血质气质的特点，多数男性的性格有明显的外倾倾向，而多数女性的性格具有明显的内倾倾向。这些差异是性别所造成的，并不是绝对的，但身体状况有不同的要求。例如，舞蹈演员、旅馆服务员、空中小姐、导游小姐等除了专业所要求的气质能力外，在年龄、体态、长相等方面都有一些特殊要求；从事化学研究专业的人员嗅觉要相当灵敏；担任驾驶员、飞行员、船员、精密仪器事业人员则必须视力达到一定标准；当教师要四肢健全，五官端正；做运动员、军人则必须身体健康、体质强壮等等，这些因素也会在一定程度上影响人们的择业方向，也是人们在选择职业时不能不考虑的因素。

工作要心甘情愿

在工作中难免会遇到困难，也会有无数需要做出的决定的时候。成功的人总是能在重要关头做出正确决定。因此，那些优柔寡断没有胆量做抉择的人，往往到头来大都是失败者。

一般说来，能找到一份好的工作，有稳定的收入，对大多数人来说应该感到满足了。可是却仍有一些人，虽然他们拥有吸引人的工作，却仍感到不满足，毕竟人们的追求不同。

若询问那些对自己工作感到满意的人：“为什么你认为你目前的工作颇为成功？”大部分人都会回答：“因为我现在从事的工作是我真正想做的工作。”

例如，大多数人希望能有较稳定的工作——譬如担任银行职员，但是有些人却天生喜欢和人接触，喜欢地位、旅行、挑战。新奇的环境可以使他精力旺盛；单调重复的工作却使他厌倦以及精神郁闷。这种人自然不适合从事银行职员。

如果能积极为自己找出适合自己的工作环境，无异是对所谓的“成功”给予一个新注释。全凭自己寻找机会，自己去寻找目标，这种人就是属于能“掌握”自己命运的人。

许多自认为目前事业“不顺”的人往往满是抱怨，他们觉得自己是恶劣环境下的牺牲者，他们的愿望和需求都没有获得满足，而他们也无法使自己心中的愿望变成事实。他们的期望和需求，与他们实际所能实现的鸿沟，变成了他们挫折的来源。

四个绝招避免求职陷阱

京城一位深知黑职介（非法职业介绍所）内幕的人，向媒体透露了黑职介的操作内幕，想以此告诫那些做发财梦的人千万别受骗。

透露这一黑职介的操作内幕的人姓陈，虽然在黑职介只干了两个月，但对谈的每一笔生意都记忆犹新。他所在的黑职介非常隐蔽，隐藏在一家商务写字楼里，没有任何执照，他们将招聘信息以不同的名字刊登在一些大众类的报纸求职广告上，多以高薪诚聘 KTV 服务生、保安、公关、按摩技师为名，吸引一些既没有学历，又没有特长，还急于挣钱的外来务工人员。

当急于求成的外来务工人员打来电话求职时，他们从不说自己是一家职介机构，而是谎称是某某单位的人事部门，是直接招人，根据求职者应聘的不同职位，先要收取一定的会费，如做公关要交 500 元，做保安要交 200 元等，只有这样才能成为他们的会员，找工作才有希望。不过收取会费的价格也是由他们自己随意定价的，不管求职者身上有多少钱，他们都会想方设法让你掏出来。这些钱只要进了公司的口袋，就别想再拿回去了。

接听电话是他们接生意的信息源，他们不会错过每一个送上门来的机会。即使是晚上睡觉，接线生们也会将电话放在枕头边，如果电话突然中断，他们会通过来电显示功能，立刻反打过去，生怕漏掉赚钱的机会。这样的电话公司每天都能接到 100 个左右，通过电话上门来的也有 30 多人。

陈先生说，这些人即使交了钱也根本不会找到工作。当外来务工人员将档案交给公司后，公司会给求职者一个他们早已联系好的固定电话，让他晚上打电话，一位所谓的“领班”会给他安排工作，公司还会暗示只有给“领班”好处费才能有工作。当外来务工人员按照公司的话照办之后，他会被“领班”带到工作的场所，进行面试，可这种面试往往只是走个过场，根本不会成功，面试的人会以求职者的相貌不好、工作能力差等理由将其扫地出门。至于所交的各种名目的费用，基本上不会退还。

这只是黑职介骗钱的一种方式，还有许多电话里声称不收钱的黑职介，等求职者上门，就变换各种理由巧立各种名目，如档案管理费、工作保证金、合同保证金、伙食费、门卡费等等，五花八门，骗取求职者的钱财。

黑职介在我国各大中型城市极其猖獗，且各地诈骗手法不同。这里为寻求工作的朋友介绍几招防骗绝招，保证管用。

（1）政府明令单位招工不准收取任何费用，若有收取费用的单位，就必须提防。

（2）不见兔子不撒鹰。事实上有些规模不大的工厂，基于一些原因在进厂之初要收取一定的费用，在一时找不到合适的工作，为解决目前困境，我们也不是不可以考虑进厂。但在你交钱之前，一定要见到工厂，并索取收费凭条。最好能私下先找该厂的员工了解工厂的情况。

（3）在交了一次钱之后，坚决不交第二次钱。这十有八九是骗局。

（4）有困难，找警察。感觉被骗，打“110”，警察肯定能帮你讨回公道。不要害怕对方声称的所谓关系硬，没有人帮骗子。在报警之前最好别让黑职介知道，偷偷报警，乘其不备时，问题最好解决。因为骗子可能会销毁证据，或躲避警察。

认真对待每一次机会

如何提高应聘质量，它有没有捷径？是每一个工作尚没着落的人所迫切想知道答案的问题。

北京某公司的杜某的经历，也许能给上述问题一个答案。当时杜某由于年轻、工作经验少，找工作不容易。杜某一般在晚上收集当天的报纸，找出适合他应聘的岗位，并根据该公司对应聘岗位的具体要求写应聘信，并把几月几日、什么报纸、应聘什么岗位等情况记录下来贴在墙上，第二天及时把信寄了后“准时上班”。所谓“准时上班”就是到各类人才市场上找工作。他把找工作视为上班，很少“迟到”“缺勤”。在人才市场把对应聘面谈的单位及虽没面谈但投递应聘信的或有意一试的单位的有关信息（如单位名称、地址、联系人等资料）登记下来，回到家后及时整理分类，并根据寄信或面谈的时间，隔几天后再给同一单位写封信，内容有时是对招聘单位能为自己提供一个就职机会表示感谢，有时是补充一些个人简历，有时谈谈他对应聘该岗位的认识与设想。晚上有时间的话就写写面试的得与失，提醒自己下一次面试时注意。

时间长了，他的卧室像个办公室，墙上是简报和应聘单位信息栏，写字桌上堆着交通地图、人才市场信息，抽屉里是办公用品，日记本上记录着应聘单位、面试感受、应聘单位简介……

这样一来，有招聘单位的面试通知电话一来，他就会在很短的时间内反应过来：什么时候寄的信、应聘什么单位、地址在什么地方等等。有时对方都会惊讶他的记忆，他善意地撒谎说“因为我对这岗位太在乎的缘故嘛”。由于他的认真与执着，苦尽甜来，他面试的机会越来越多，对面试技巧也悟出了些道道来。

杜先生当时的“迂”是有一些道理的，找工作也是一份“工作”，同样需要认真对待，不能凭感觉三天打鱼两天晒网，或用统一的履历表去撒网捕鱼或靠背出来的答案去应对所有公司的提问。以不变应百变不如以变应变效果好。许多人事经理在通知应聘者面试时时常听到对方说：“你是什么公司？请再说一遍！”“对不起，我应聘了很多单位，请问我应聘你公司什么岗位？”人事经理会自然而然地对他（她）有一种不好的印象。

把找工作当成一项工作，一丝不苟去撒网，必能打捞上含珠的蚌。

不受垂青的四种人

面试时总是得不到主考官垂青的求职者，注定一天到晚忙着找工作——因为他总是找不到工作。

哪些求职者不受垂青呢？根据许多人的意见，大家一致认为是以下四种类型：

1. 夸夸其谈型

过分吹嘘自己，夸大自己的实际才能，一来给人造成“言过其实”“过于自负”的印象；二来遇上高水平的主考官，两三个问题就能彻底了解他的真实实力，那么他刚才的“自信”就只剩下尴尬了。如果应届大学毕业生为给用人单位留下“社会经验丰富”的印象而刻意装扮老成，口若悬河，其结果只能是适得其反。因为这样会被视为夸夸其谈，不切实际。

2. 缺乏个性的求职者

充满个性魅力的人，在求职时有显著的优势。比如一个应届毕业生成绩虽不好但干劲十足，就能引起对方的注意；谈话风趣幽默可一下子博得人事经理的好感等。相反，那些个性上缺乏独立色彩的人将是不受欢迎的。例如，有一部分求职者，特别是一些刚踏入社会的青年学生，由家长或其他家属陪同到面试现场。家长们可能是唯恐孩子涉世不深，不能正确应对面试中的问题，而失去工作的机会。但是，面试者怀疑，一个事事由别人包办的人，是不是有能力独立应付工作的压力。

3. 盲目型的求职者

一些求职者对应聘的公司或岗位不甚了解，有时甚至应征一个公司的多个职位，这样给人的感觉是缺乏诚意和责任感。不但干不好自己的事，而且还会给别人的工作带来麻烦。一个不知道自己想干什么或能干什么的人，又怎么能指望他把工作干好呢？

4. 死板的求职者

有些求职者的回答显得模式化，给人事经理的感觉就会是不够活跃。在这些求职者中不乏在校成绩优秀的毕业生。这类学生学习成绩虽然比较好，但却有“死读书”的致命弱点，动手能力、创新能力、协调能力可能会相对差一些，而且一般还都缺乏社会经验，这是十分不利的。

要想在求职场上抓住机遇，首先就不要做不受欢迎的求职者。

入错行的下场

有一句话说“男怕入错行，女怕嫁错郎”，真有这么严重吗？

“女怕嫁错郎”暂且不论，我们就“入错行”说一则真实的故事。

报载一位大学毕业生，他的工作很令人感到意外，是一果菜公司的搬运工人。他说他6年前从学校毕业，一时找不到工作，便经人介绍到果菜公司当临时工，赚点零用钱。渐渐地，这位“天之骄子”习惯了那份工作和周围的环境，也就没有积极去找别的工作，于是一做就是6年，现在年近30，由于长期与蔬菜打交道，不仅知识未能跟上时代，连老本也丢得差不多了。他说：“换工作，谁会要我呢？我又有什么专长可以让人用我呢？”目前，他仍在果菜公司当搬运工人。

对这一个例子，也许你会说，转行有什么难？说转就转啊！

也许你是可以说转就转的人，但恐怕绝大部分的人都做不到，因为一个工作做久了，习惯了，加上年纪大了些，有了家庭负担，便会失去转行面对新行业的勇气；因为转行要从头开始，怕影响到自己的生活，另外，也有人心智已经磨损，只好做一天算一天；有时还会扯上人情的牵绊、恩怨的纠葛，种种复杂的原因，让你“人在江湖，身不由己”。

其实行行出状元，并没有哪个行业不好，哪个行业才好，那在此为什么又提醒你“千万别入错行”呢？

这里只是提醒你，找工作要睁亮眼，找适合自己的工作，找自己喜欢的工作，找有发展性的工作，千千万万别因一时无业，怕人耻笑而勉强去做自己根本不喜欢的工作！人总是有惰性的，不喜欢的工作做一两个月，一旦习惯了，就会被惰性套牢，不想再换工作了。一日复一日，倏忽三年五年过去了，那时要再转行，就更不容易了。

另外一点是，千万别涉入非法行业，这种行业虽然有可能让你致富，但事实上却是在刀刃上行走，警察的追缉，法律的制裁，同行的火并、陷害，即使不吃牢饭不送命，也要被人看不起。有人虽然想跳出来，但谈何容易，大部分的人都因为黑饭吃惯了，最后还是回到本行……

不过如果你若真的“入错行”，也有心转行，那么就要铁了心，毅然地转行，否则岁月是不饶人的，你只能在不适合的行业里越走越远。

跳来跳去会头晕

转行的想法 80%以上的人都有过，光是想当然没什么关系，如果真的要转，那么一定要考虑清楚几个因素。

——我的本行是不是没有发展了？同行的看法如何？专家的看法又如何？如果真的已没有多大发展，有没有其他出路？如果有人一样做得好，是否说明了所谓的“没有多大发展”是一种错误的认识？

——我是不是真的不喜欢这个行业？或是这个行业根本无法让我的能力得到充分的发挥？换句话说：越做越没趣，越做越痛苦吗？

——对未来所要转换行业的性质及前景，我是不是有充分的了解？我的能力在新的行业是不是能如鱼得水？而我对新行业的了解是否来自客观的事实和理性的评估，而不是急着要逃离本行所引起的一厢情愿式的自我欺骗？

——转行之后，会有一段时间青黄不接，甚至影响到自己的生活，我是不是做好了准备？

如果一切都是肯定的，那么你可以转行！

别成为工作的奴隶

天底下没有任何一种职业是可以满足所有的人或使所有的人都不喜欢，任何一种职业都难免有人会喜欢，但也有人会感到讨厌；因为没有十全十美的工作。

不管你做什么工作，我们首要目的都是赚钱过日子，以使自己免受饥寒。因此检查自己目前的职业角色，评估自己从中能获得多大的满足，将有助于规划自己成功的人生。

我们要永远清醒地认识到，没有一种职业是十全十美的。对于职业的满足与否，应基于个人的事业原动力，以及是否能从此项职业使自己获益。

因此我们有必要仔细评估自己目前的职业，以便发现这项职业是否能给予我们满足感，是否具有发展机会。

职业对从业者的影响很大，从某个角度来看，职业是耗用时间并局限人的事。例如送信的邮递员，可能十年如一日，每天早起挨家挨户送信，而他全部的生活就是环绕这个邮递责任所构成。所以，职业也可以说是一个枷锁，它在无形中限制了从业者的行动范围。

满足的可能，是建立在职业的结构中。以超级市场的收银员为例，她每天站在收银机旁 8 个小时，敲打一大堆数字。尽管这项工作与许多人接触，却很少有能够表现他个人创意和个性的机会。

由此可见，我们有必要十分谨慎地选择自己所想从事的职业，并及早看清楚此项职业是否提供我们满足的可能，如果做不到这一点，便可能会阻碍我们的发展。例如有一位制图员说："我的日子都是坐在制图桌旁，设计制造一些造型。随着时间的流逝，这工作便越来越显得没有意义，而且将我与别人完全隔绝。"

这个例子虽然有些极端，但却很具代表性。据统计，差不多有90%的人都会对他们工作的某些方面感到不满。主要的不满，皆与工作要求与个人当时的事业原动力相背有关。

只不过，如果我们能想到那些没有工作的人以及全球性经济不景气，相信再不满意的工作似乎也就有其可取之处了。

没有工作的感觉对人是一种深刻的失落感。各种社会的不幸，似乎都因为工作机会不均所导致。事实也显示，失去工作的男女比较容易患病、抑郁或自杀，因此，工作对人而言是很重要的。

工作能使人与社会各部分有紧密的接触。它不但可以充实个人的生活，满足个人的基本生活需要，而且能满足个人的成就感。

世界绝对不是静态的，而且由于科技的进步，当今职业的形态也在不断改变。当我们仔细回顾人类的事业历史时，我们会发现世界的潮流趋势，这些趋势是：

· 传统的手工艺和技巧现今已大半消失

· 非常强调效率

· 由于大量使用高效率、智能化的机器，因此减少了基层工作的机会

· 需要设计方面和系统维护方面的更高层技巧

· 必须时时接受职业再训练

· 必须接受日益增加的工作环境变动

· 较多工作需要一定程度的社交能力

· 对“个人”成就的依赖渐增（比较不强调扩及家庭）

· 教育水准的提高

· 职业比较要求个人的良好表现

现代人的工作角色显然受以上趋势所影响，而且一份新职业的正面因素，也可能会因时间的累积渐渐变成负面因素。这个循环共有四个阶段。

第一阶段：要求及学习

新的就业者必须努力学习。他需要认识同事，建立关系，分析状况，累积知识，求得技巧。通常会要求较多的工作也都是充满学习机会的工作。

第二阶段：成长且逐渐能够胜任

经过开始的几个月，就业者会越来越有经验，而且渐渐安定下来，找到了产生效率的工作方法，也建立了关系，发展了技巧；对于工作环境中正式与非正式的体系都已有所了解。这个成长阶段是令人满意且逐渐有所进展的，当新的技巧与能力培养成熟，对工作自然慢慢感到胜任愉快。

第三阶段：驾驭工作

经过一段长时间之后，就业者渐渐成为该角色的操纵者，很多问题便能成功有效地进行处理。这个驾驭阶段，仍有可能使个人获得成长，只是挑战的标准日益降低，于是第四阶段开始萌芽。

第四阶段：松弛或衰退

经过一段顺利的驾驭时期，当一切都变成例行公事，面对挑战也已驾轻就熟。这时新的成长机会已经不多，剩余精力便转往嗜好，职责扩充，甚至失去兴趣。对不大要求上进的人而言，由于他们丧失了动力，所以是个危险的阶段。这时，不仅他们的事业会很不顺利，连他们本身也会失去积极进取的方向。

正视自己的缺点和不足

冬天就要来临了，所有的鸟儿都开始往南方迁徙。

有一只鸟因为天生愚笨，每一次飞行都落在最后被同伴嘲笑。这一次飞行的时候，它在心里想："无论如何也不能飞在最后了，不然又要被它们嘲笑了。"于是，在别的鸟还没开始迁徙的时候，它就起飞了。它以为这样就可以飞在大家的面前，一雪前耻了。

然而，当这个笨鸟飞了一段路之后，却发现自己迷失了方向。无奈，它只得停在一棵树上等自己的同伴。可是等了很久，也不见同伴的到来。它又沿着原路往回飞。结果却发现，其他的鸟儿都已经飞走了。

迫不得已，它只好独自往南方飞去。然而，这次它还是飞到半路就迷路了，这让它无比恐慌和沮丧。

冬天已经来临了，笨鸟始终没有飞到南方。当一场大雪降临的时候，它被冻死在路边。

"笨鸟先飞"并不是放之四海而皆准的道理。如果这只笨鸟在同伴都起飞之后默默地跟在后面，尽管慢点，尽管会被同伴耻笑，但至少不会落得如此悲惨的结局。

很多时候，人正是因为不能正视自己的愚蠢，争做逞能的英雄，才使自己陷入困境不可自拔。有时候安分一点，说不定还会取得成功。明知不可为而为，才是最大的愚蠢。

人无完人，每个人都有自己的缺点和不足。只有正视自己的缺点和不足，才能改正错误，取得成功。敢于正视自己的缺点和不足，才是最大的智慧，是勇气的表现。一个有信心、有责任感的人，会正视自己的缺点，不会把因为自己的不足而造成的失败当成别人的负面影响。即使在失败的时候，他也能够勇敢地承担责任并理智地评价自己和别人。

人的智慧有高有低，并不是说笨的人就只能品尝失败的苦果，智商不高也可以取得成功。世界上没有绝对的笨人，只有那种明明知道自己智商不高，还要和聪明机灵的人一争高下的人，这才是最蠢笨的人。

笨的人一样可以取得成功，只要你正确地认识自己，安分守己，老老实实地跟在大家后面飞，即使慢一点，即使永远落在后面，也是会有一些好处的。

踏踏实实地走好自己的每一步，看清楚自己的实力，量力而行，不争强好胜，不打肿脸充胖子，不和别人一争高低，你也会取得属于你自己的成功的。

传说上帝在创造人的时候，曾经给每个人都准备了两个口袋上路。其中一个口袋装的是自己的优点，另一个口袋装的是自己的缺点。然而，人们在放置这两个口袋的时候，都是将装有优点的挂在了胸前，而把装着缺点的那个口袋很随意地搭在了身后。这样，人总是先看到自己的优点，然后才能发现缺点。同时，人们也总是站在别人身后去评判他人，自然也就一眼看到了他人的缺点；即使是在正面审视他人的时候，也总是先想到他后面的那一个口袋。常常是很难有对他人的欣赏，都用更多的关注去注意自己前面的那个口袋了。

我们看《三国演义》，每次看到气宇轩昂的关羽便心生敬意，“过五关斩六将”“温酒斩华雄”“刮骨疗伤”“单刀赴会”等等，无不显示他那英雄的气概与豪气，但正是这一点，渐渐地使他变得傲慢起来，他的眼睛里只看到挂在胸前口袋里的这些优点，从而忽略了自己妄自尊大、目中无人的缺点，最后只能落得“败走麦城”的结局！

有缺点并不是坏事，它是通向更高层次的阶梯，只有承认不足，才能弥补不足，才能提高自己。所以，缺点就是希望，承认并改正自己的缺点，你将获得事业上的成功。

第五章

放开眼界，看得更远

所谓观察，并非只是读书时注意观察，而是在日常生活中细心观察，只要有敏锐的观察力，慢慢就会有“对，就是那样”的感觉。人最容易犯的错误是急功近利，我们应该将目光投向更远的将来。

换个角度看问题

任何一个取得成功的人，都能够从不同的角度去想问题，过去的思维不会成为他们的桎梏，他们能够突破常规的思维，取得创新硕果。当思维遇到“瓶颈”时，不妨换个角度看一看，或许就会柳暗花明，豁然开朗了。

台湾著名漫画家蔡志忠说：如果拿橘子比喻人生，一种是大而酸的，另一种就是小而甜的。一些人拿到大的会抱怨酸，拿到甜的会抱怨小；而有些人拿到小的就会庆幸它是甜的，拿到酸的就会感谢它是大的。

任何事情都有正反两方面，所有的事情，都没有一把统一的标尺来衡量它的是与否，一件事从不同角度去看，就会看到不同的风景，会有不同的感受，只要我们做事情的时候，用积极的心态去对待，多一些宽容，多做一些换位思考，就算再无法逾越的鸿沟，也不能阻挡我们前进的步伐，再棘手的难题，也许就会有截然不同的效果，就会看到乌云背后的蓝天。

一个船夫摇着小船在大海中行驶，浪花不断地向小船涌来，小船随着波浪微微地荡漾。一只海鸥落在船夫的肩头，对他说：你多幸福啊，大海摇荡着你，就像打秋千似的。船夫听了，摇摇头笑着说：不对，是我在摇荡着大海！你看，大海的波涛都被我摇起来了。

所谓的大与小、强与弱、喜与悲等，很多时候都是依照人们的感官和习惯认定的。若换个角度看问题，人生的风景可能大不相同。

要做到换一个角度看待问题或灾难并不是那么容易的，它需要睿智与勇气。在大发明家托马斯·爱迪生 67 岁时，他的实验室在一场大火中化为灰烬，损失超过 200 万美元。爱迪生的儿子在大火中找到了他的父亲，他的父亲平静地看着火势，说道："灾难自有它的价值。我们以前所有的谬误、过失都被烧了个干净，我们又可以重头再来了。" 67 岁，眼看着自己几乎是耗费一生的心血付诸东流，面对这样的灾难，换了其他人都会感到命运的无情甚而绝望，而爱迪生有那种勇气可以昂然面对灾难，他更有那种睿智，可以换一个角度来看待，他从灾难中看到了其存在的价值，看到了"从头再来"，看到了新的希望。

生活中，无论我们做什么事情，都不要一条道走到黑，钻牛角尖，换一个角度看问题，你会有不同的发现。

一个不规则的多面体，从每一个面看，都有不同的形态。同样，一个事物从不同的角度看，也会得出不同的结论。哲学上讲的看事物要一分为二，说的就是这个道理。但有时你只看到了其中的一面，便下了总结论，这往往会一错再错。因此，换一个角度看问题，你会有别样收获。

"塞翁失马，焉知非福"，这是个蕴含着深刻哲理的古代故事。那个老者并非有什么特别的能力，只是正确地分析事物的现象和发展过程，既看到了失马这个坏的一面，又看到了得马这好的一面，最终得出了正确的结论。如果他与周围人一样，只从失马这个角度一味地悲伤懊悔，只会平添痛苦；得马后又一味地欢喜，就更显得愚昧了。

一般事物有多个角度，对于一个复杂的人更需多角度考虑。从历史角度讲，评价一个人物需要多方面综合他的特点。换个角度评价这个人，你会从中挖掘出他的内心深处最本质的东西，帮助你更全面地认识这个人。

换个角度看问题，让你看清了事物的本质，让你全面地认识了事物，使你在角度变换中不断收获，不断进步。

看不见的锤子

机遇出现时并不大张旗鼓，有时候，它会出现在你认为毫无希望的地方。

佛经上有这样一个故事。

弟子问佛祖：您所说的极乐世界，我怎么看不见，又怎么能够相信呢？

佛祖把弟子带进一间漆黑的屋子，告诉他：墙角有一把锤子。

弟子不管瞪大了眼睛，还是眯成小眼，仍然伸手不见五指，只好说我看不见。

佛祖点燃了一支蜡烛，墙角果然有一把锤子。

有时候，我们认为那里没有机会，可能只是因为我们没有点燃那支蜡烛而已。

英国有位名叫约瑟的老人，在异乡独自打拼了大半辈子，也没有取得多大成就。有一天，他看见电视主持人介绍月球趣闻，只见主持人煞有其事地在桌上摊开一张假的月球图，向人们侃侃而谈。

许多人看到这一幕，大概都没想到这里有什么巧妙点子，但是他却忽然灵机一动，想到既然有地图，为什么不可以有月图？有地球仪，为什么不可以有月球仪？

善于观察的他，猜想人们一定会对这个新玩意感到好奇，这样就可以赚到大钱，并且这又是个新兴市场，利润一定很高。

于是，他立即将想到的点子化为实际的行动，开始画图、印刷，同时在电视台做广告销售他的月图、月球仪。

果然，许多学校、科普协会等单位都来订货，结果一个退休老人竟然办起了大型企业，现在全世界都有他的产品，每年利润高达

1400 万英镑。

懂得仔细观察，就会发现世界上充满新奇的事物，然后加以付诸实现，就能为自己创造许多的机会。

所谓观察，并非只是读书时注意观察，而是在日常生活中细心观察，随时关心周围发生的事情。只要有敏锐的观察力，慢慢就会有“对，就是那样”的感觉，在刹那间和自己的心意相通。

接下来，如果你能接连不断地想到“既然是这样，那么也可以……”的话，如此一来你就已经产生创造力，最后就看你有没有把这个构想化为实际行动的毅力了。

你可以不必很聪明，也不一定要高学历，但唯一不可缺少的就是敏锐的观察力，它将是你建功立业的秘密武器。

多留心身边的小事

现在赚钱越来越不容易，尤其是开店做生意或自行创业。

我国的每一座城市里，都挂有成千上万的广告招牌。这些招牌由于暴露在外，日晒雨淋、风吹霜打之后，不是锈迹斑斑，就是缺笔少画。这种现象在全国都存在，在人们眼里显得很“正常”。

在深圳打工的湖南桃江县的龙某却从这种“正常”的现象里看到了赚钱的机会。他先是跑了几家广告装潢公司，假称是某酒店的后勤人员，想请装潢公司补一个字，但这些公司谁都不愿意去，愿意去的也把价格开得跟做一个新招牌不相上下。然后，龙某又马不停蹄地找了 15 家广告招牌有残字的单位，假称自己是广告装潢公司的业务员，询问那些单位是否愿意把广告招牌修整好，这 15 家单位居然有 9 家一口答应。

月薪三四百元的龙某在掌握了上述情况后，毅然辞了职，凭一辆旧自行车和一部二手手机，开始了广告招牌补字和翻新业务。

现在，龙某已在深圳、广州、东莞、中山和长沙成立了招牌清洁公司。公司配备了作业专用车，他自己也买了别墅及高级小轿车。

成功都在细节里

一般人都会忽略身旁的小事，因为认为小事没什么，可是如果能留意小事的起源，说不定也能为自己赚来意想不到的财富。

日本的池田菊博士很善于从小处着眼，想出重大的点子。

有天在家吃饭时，他用筷子下意识地搅了搅热汤，喝了一口便问妻子说："嗯，味道很鲜美，用了什么作料？"妻子回答说："今天的汤是用海带煮的。"

小孩听了，突然插嘴说："爸爸，海带为什么会有鲜味？"

通常，一般人都不会在意这个小问题，但是池田菊博士却认真地思索鲜味究竟是怎么来的。他开始分析海带的成分，经过多次加工提炼后，发现一种白色结晶的物质，对调味很有用处，这就是世界上最早发明的味精。后来，他又从其他物品中提取出成本更低的味精，然后申请专利，开办工厂大量生产，结果为他带来了巨额的利润。

找出原因，往往能发现其中的奥秘所在，而给自己带来新的发现。如果因事小而不为，或者根本不以为意，只会与赚钱的机会擦身而过。

西方某作家说：对微小事物的仔细观察，就是商业、艺术、科学及生命各方面的成功秘诀，人类的知识都是由世代相传的小事情的积聚，也是从知识及经验的一点一滴汇集起来，继而积成一个庞大的知识金字塔。

随时注意小处，对小处有深刻的认识，大处自然一目了然而不会被忽略，做起事来将会事半功倍。虽然有人认为拘泥小节是小人物的作风，但是能注意到细枝末节，未必就成不了大事；反倒是有财运的人，往往是在小事情上也会十分专注的。

赚钱的机会是流动的，不知道什么时候会轮到自己？相信很多人都曾有过这种感慨，但只要多留意身边的小事情，照样也能获得很多赚钱的机会。

日本有个家庭主妇，每天在男主人早起时，就会立刻煮面供其充饥，但若是晚起或在深夜，不论煮面或洗碗都很麻烦，这位主妇便想出一种不用煮面也能吃到面的方式，也就是使用一般的塑胶杯，将干面条放进去后，再用保鲜膜盖住，如此男主人回来后，热水一冲即可吃到热乎乎的面。

男主人觉得这个构想很好，便与拉面公司联络，该公司觉得方法可行，便以 100 万日元买下发明权，这就是今天大家看到的速食面。

赚钱的方法是无处不在的，你不一定要有高深的学识，也不一定要有过人的天赋，但你绝不能缺少敏锐的观察力。

一位美国商人到日本富士山游玩，他忽然想到一个点子：把清凉新鲜的富士山空气罐装成瓶，卖给大城市饱受空气污染之苦的民众及从未到过富士山的人，然后又连锁进行类似的开发，获得了相当可观的利润。

只要头脑动得快，即使看起来不显眼或习以为常的事情，经过一番改造之后，说不定也会成为生财的工具，就看你想不想得到而已。

发现身边的智者

有这样一个比喻：

烧香最好是找些平常没多少人去的冷庙，不要只挑香火繁盛的热庙。热庙因为烧香人太多，神仙的注意力分散，你去烧香，也不过是众香客之一，显不出你的诚意，神对你也不会有特别的好感。所以一旦有事求它，它对你只以众人相待，不会特别照顾。

但冷庙的菩萨就不是这样，平时冷庙门庭冷落车马稀，无人礼敬，你却很虔诚地去烧香，神对你当然特别在意。同样烧一炷香，冷庙的神却认为这是天大的人情，日后有事去求它，它自然特别照应。如果有一天风水转变，冷庙成了热庙，神对你还是会特别看待，不把你当成趋炎附势之辈。

其实不只是庙有冷热之分，人又何尝不是？一个人是否能发达，要靠机遇。你的朋友当中，有没有怀才不遇的人，如果有，这个朋友可能就是冷庙。你应该与热庙一样看待，时常去烧烧香，逢到佳节，送些礼物。又因为他是穷人，当然不会履行礼尚往来的习惯，并非他不知道还礼，而是无力还礼。不过他虽不曾还礼，但心中却绝对不会忘记未还之礼，这是他欠的人情债，人情债越欠越多，他想还的心也越来越切。所以当日后他否极泰来，他第一要还的人情债当然是你。他有清偿的能力时，即使你不去请求，他也会自动还你。

有的人能力虽然很平庸，然而因时来运转，也会成为不可一世的人物。人在得意的时候，一切就看得很平常、很容易，这是因为自负的缘故。如果你的境遇地位与他相差不多，交往当然无所谓得失。但如果你的境遇地位不及他，往来多时，反而会给人趋炎附势的感觉。即使你极力结交，多方效劳，在对方看来也很平常，彼此感情不会有多少增进。只有在对方转入逆境，以前友好如今翻脸不认为；以前车水马龙，今则门可罗雀；以前一言九鼎，今则哀告不灵；以前无往不利，今则处处不顺，也就是他的繁华梦醒了时，他对人的认识也就比较清楚了。

识英雄于微时，的确需要一定的眼力。古时一个大商贾的儿子，不继承父亲十倍利的商业，却经营百千倍利的“识人业务”，终于辅助一沦落太子登上皇位，而成为一代显贵。如果你认为对方是个英雄，就应及时结交，且多多交往。或者乘机进以忠告，指示其所有的缺失，勉励其改过迁善。如果自己有能力，更应给予适当的协助，甚至施予物质上的救济。而物质上的救济，不要等他开口，应随时取得主动。有时对方很急着要，又不肯对你明言，或故意表示无此急需，你如得知情形，更应尽力帮忙，并且不能有丝毫得意的样子，一面使他感觉受之有愧，一面又使他有知己之感。寸金之遇，一饭之恩，可以使他终生铭记。日后如有所需，他必奋身图报。即使你无所需，他一朝否极泰来，也绝不会忘了你这个知己。

不过对他人的投资，最忌讳的是讲近利，因为这样就成了一种买卖，说难听点更是种贿赂。如果对方是讲骨气之人，更会感到不高兴，即使勉强接受，也并不以为然。日后就算回报，也得半斤还八两，没什么好处可言。

平时不屑往冷庙上香，到头来临时抱佛脚也来不及了。一般人总以为冷庙的菩萨不灵，所以才成为冷庙。其实英雄落难，壮士潦倒，都是常见的事。只要一朝交泰，风云际会，仍是会一飞冲天、一鸣惊人的。

从现在起，多注意一下你周围的人，若有值得烧香的冷庙，千万不要错过了。

盖特夫与韦尔奇

让我们看看韦尔奇——这位普通的铁路职工的儿子，是怎样成为赫赫有名的企业家的。

1960 年 10 月，当拥有三个学位和一定从业经验的韦尔奇偕妻子驾驶着一辆破旧的大众汽车，满怀希望来到美国康涅狄格州费尔菲尔德的通用电气属下的塑料公司时，迎接他的只是一个地位卑微、薪金微薄的机械师职位。没有固定居所，妻子卡萝琳只好搬去和韦尔奇的父母同住，韦尔奇则租住在一间简陋房屋中。

困窘的生活条件和低廉的工作待遇对韦尔奇来说不是问题，但公司的官僚习气盛行，经理管理技巧的拙劣使韦尔奇郁郁不得志，无心发展，产生了离开公司的念头，险些从此与通用电气公司再无瓜葛。但事情突然出现了戏剧性的变化，在他的告别会上，通用电气公司总部的一名年轻主管鲁本·盖特夫在听了韦尔奇对新的塑料产品生产在成本和物理特性方面竞争现状的分析之后，立即发现了这是个不可多得的人才。为了挽留韦尔奇，盖特夫不仅许诺给他原先薪金 3 倍的报酬，更重要的是为韦尔奇清除一切官僚主义困扰，对其委以重任，为他提供了更加广阔的发展空间。

韦尔奇本来已做好了离开公司的一切准备，但当盖特夫请求他留下时，他敏锐地感觉这是一个绝好的机会。韦尔奇改变初衷，选择了留下。事实证明，盖特夫当初的决策是英明果断的：在 1973 ~ 1977 年韦尔奇担任塑料公司副总经理期间，通用电气公司的塑料行业一度飞速发展，年收入猛增 33%。韦尔奇在随后的 5 年中不断超越自我，事业发展蒸蒸日上，终于在 1981 年达到顶峰，他也成了通用电气公司第 8 任董事长兼首席执行官。

在成为拥有3000多亿美元资产，销售额高达近900亿美元，分布在全球100多个国家和地区的约27.6万员工的企业王国的最高主管之后，韦尔奇以其非凡的领导和经营才能，将一直业绩平平的通用电气公司发展成世界一流企业，市场价值成倍往上翻。韦尔奇本人也迅速崭露头角，在强手如林的国际商界中独占鳌头。

如果你是老板，不妨向盖特夫学习，学习他的慧眼识贤才；如果你是打工仔，不妨向韦尔奇学习，学习他在机遇面前的敏锐眼光。

闲置的宝库

在客观条件不变的前提下，充分利用现有人力、物力、财力，发挥自身优势，挖掘自身潜力，是盈利的最佳途径。美国富豪希尔顿用700万美元，买下纽约市一家豪华的大酒店。在取得大酒店的所有权之后，独具慧眼的希尔顿立刻就注意到酒店走廊里四根漂亮的大圆柱，他敏锐地感觉到这些如水晶体的圆柱都是空心的装饰品，与支撑天花板无关。

于是，希尔顿立即命人拆开看看，果然是空心的装饰品。他请来工匠，在大圆柱里安装了若干个精致的小型玻璃橱窗，然后高价出租。出入豪华大酒店的都是有钱的阔佬，在橱窗里陈列名贵商品，自然会增加销路。这些橱窗立即被纽约市著名的珠宝商和香水商租用，用来陈列高档商品，招徕顾客。仅此一项，希尔顿每年收入的租金高达2.4万余美元。由于增加了这些名贵商品，使大酒店增色不少，那些阔佬们偕太太、女友出入大酒店也就更加频繁了。

想想看，我们是否也有被闲置的“大圆柱”？那也许正是一个赚钱的宝库！

审时度势助成功

刘永森的唯一长处是速记，除了这个爱好以外其他都不擅长。然而就是他看到了自己这个优势，在一个偶然的机会里，他开始驰骋于速记这个长久落寞的行业，成为速记行业的带头人。

在高中时刘永森看到某同学有一本关于速记的书，出于对速记符号的好奇，他依葫芦画瓢地模仿起来。后来他上了函授速记学校，又拜黑龙江一位颇有名气的老先生为师，期间他参加了全国速记比赛，并且取得了名次。

直到这时候他还不知道速记对他来说意味着什么，只觉得仅仅是一项爱好而已。因为长期以来，并没有看见有人由于会速记而发财，所以刘永森为自己一无所长感到害怕。

1993 年刘永森离开黑龙江，漫无目的地来到北京寻找挣钱机会。在北京一家公司打工期间，他经常练习速记，于是就有人知道他有这样一个爱好。

一次偶然的机会，他被中共中央党校的一位老先生请去做速记，由老先生口述，他做记录。很自然地，他对此轻车熟路，出错率很低。经过简单整理，老先生的这本书很快就出版了，他也从此找到了一份速记的兼职。

从爱好到创业

久而久之，刘永森开始仔细考察北京市场对速记的需求，结果发现北京是自己速记事业发展的最理想地区。

于是，他立即花费 2000 元买了一台旧笔记本电脑，从此乐此不疲地为他人做速记。不仅为个人做速记，而且开始承揽各种会议速记。

越干越有劲，越干越觉得这个市场太庞大了，在他面前堆积着一个人没日没夜也干不完的活。他隐隐觉得，自己大显身手的时候到了。

于是，刘永森凭借10万元注册资金，刘永森成立了北京文山会海速记公司，全身投入速记行业。

寻找不成熟领域里的成熟技术

速记在我国的发展已经有了多年历史，但是还没有形成一个产业，而实际上需要使用速记的地方却有很多：会议记录、同步翻译、记者采访、讲话录音、电视台场记、律师取证、法庭记录、各种培训班……仅仅以会议记录为例，不算每个单位内部召开的各种会议，仅仅大型会议每天就要上百场、需要整理几百盒录音磁带。而会议现场速记的价格通常是每小时100元或每天1000元；整理录音磁带的价格通常是每盘100元、录像带的价格是每盘150元；遇到需要保密的资料，则收费标准更高。

成立专业公司以后，刘永森从事过“世界妇女大会”“知识产权发布会”“国际周”以及其他各种会议的现场速记记录、各种音像资料的速记和整理、个人传记口述编书等。

刘永森认为：“速记是个不成熟的领域，我碰巧有这个不成熟领域里的成熟技术，把握住了这一点我就成功了一半；还有，不管面对什么压力我都会坚持已经认定的目标。这样我就得到了成功的另一半。”

刘永森讲得太谦虚了。事实上，每一个人都有自己的特长，只要从自己的特长出发寻找创业良机，总是能够找到成功的方向的。

盲人的灯笼

一个盲人拜访朋友，闲聊到深夜才回家，朋友给他一盏灯笼，以方便他行走。

盲人说："我是个盲人，提灯笼又有何用？"

朋友说："虽然你是个盲人，但是天色很暗，你提着灯笼别人可以看到你，就不会把你撞倒了。"

盲人提着灯笼上路，没想到走到半路就被人撞倒了。盲人很生气地说："你眼睛瞎了吗？为何把我撞倒？"

路人回答说："对不起，我没有看到你。"

盲人大惑不解："我提着灯笼，为什么你看不见呢？"

路人说："先生，灯笼里的火早就灭了呀！"

当朋友给盲人一盏灯时，盲人就以为灯笼是自己的依靠，可以照亮路途，也可以照亮别人。盲人接受了朋友的观念，并转化为自己的观念；但其无法禁得起中途的环境变化（风把烛火吹熄），自以为灯还在，终于还是发生被撞倒的情形。

在盲人提灯的故事中，若我们把灯比喻为事物，则事物随时在变化，而眼盲者却无法掌握。眼盲者其智慧没有开启，只能接受别人的观念予以奉行。由于他依赖别人的见地，但自己却无法掌握环境的变化（灯熄了），用自以为是的错误观念（以为灯还亮着）去责怪别人。究竟其是对是错？答案是很明显的。

其实，我们很多人的行为，也像这个盲人一样，总是按照老经验去处理问题，结果不但没把问题解决好，反而弄得更糟。其原因就是墨守成规，缺乏应变能力。如果知道时常用手试试灯笼的温度，那么，你就能知道你手里的灯是否还亮着。

第六章

找到你的最佳状态

我们常常说“宝贝放错了地方就是垃圾”，或者说“垃圾是放错了地方的宝贝”。即使是那些看起来很笨的人，也许在某些特定的方面也会有杰出的才能。比如，柯南道尔作为医生并不著名，写小说却名扬天下。

要把自己的长处运用到事业当中，这就好比把硬度最高的钢用在刀刃上的道理一样。把好钢放在刀背上，完全是一种浪费。不展示出自己最优秀的特质，这优秀又有什么用呢？

用“工作就是游戏”的心态

南斯拉夫人米卢蒂诺维奇，算是迄今为止最成功的前国家足球队教练了。他始终用来影响足协、国脚和全国球迷的信念就是“快乐足球”和“态度决定一切”。

米卢是聪明的，他知道要在短期内彻底改变那些国脚们的意识和技能，简直就是“不可能完成的任务”。毕竟，这些人从小就开始踢球，很多东西都已经根深蒂固了。而唯一的捷径就是通过塑造国脚们的职业化态度，进而提高他们的情商和团队精神，使队员能够尽可能多地把训练成果运用到比赛中去。不可否认，无论在美国、墨西哥、尼日利亚、哥斯达黎加还是在中国，米卢的这个策略都很成功。

人生岂能无目的呢？无目的的人无异于行尸走肉。然而，目的本是引领着你前行的，如果你将目的做成沙袋捆缚在自己的身上，每前进一步，巨大的压力与莫名的恐惧就赶来羁绊你的手脚，那么，你将如何去约见那个成功的自我。

一个人由于做事过度用力和意念过于集中，反而将平素可以轻松完成的事情搞糟，现代医学将这种现象叫作“目的颤抖”。

太想缝好针的手在颤抖，太想踢进球的脚在颤抖，太想在面试中胜出的心在颤抖。华伦达原本有着一双在钢索上如履平地的脚，但是，过分求胜之心硬是使这双脚失去了平衡，这都赋予了一种沉重的内涵。

睿智的庄子给我们留下这样一个发人深思的故事：当一个博弈者用瓦盆做赌注的时候，他的技艺就可以发挥得淋漓尽致；而当他拿黄金做赌注的时候他则往往大失水准。庄子对此的定义是“外重者内拙”。

第一次听到“工作就是游戏”的论调，很多人不以为然。他们以为工作和游戏是怎么也扯不上关系的。工作是责任，游戏是消遣；工作重结果，游戏重过程；工作带来利益，游戏带来快乐；工作是不得不做的，游戏是可有可无的。

但工作毕竟不是有期徒刑，享受它是每个人的权利。虽然目标和责任会带给人压力，可释放压力的途径无处不在，那些擅长把工作当成游戏来玩的人，能够把困难、枯燥和压力变成挑战、刺激和动力，这对生理和心理都是有益无害的。他们认为，不管是电玩、泡吧、蹦迪还是斯诺克、卡丁车、斗地主，游戏里蕴藏的某些东西，比如投入、松弛、平和……的确可以轻易地化解工作带来的疑惧和担忧。

以出世的心态，做入世的事业，从本质上是一种重过程而不重结果的游戏心态，是一种但问耕耘，不问收获的豁达。

游戏是很容易使人投入甚至废寝忘食的，因为你感到快乐；游戏是让人松弛的，因为成败得失无关痛痒；游戏也是平和的，因为它只不过是一场游戏。当工作变成了游戏，心情也会舒畅许多，不是没有压力和烦躁，只是面对它们的态度不一样了。

看淡结果、享受过程的“游戏心态”是紧张的现代人应该拥有的，在快乐的状态下，人们总是会有更好的表现。不是经常说，工作的时候拼命工作，玩的时候拼命玩吗？那要是在工作的时候也能加上玩的状态和心情，不是就有了所谓的快乐销售、快乐管理、快乐英语、快乐钢琴、快乐足球、快乐减肥、快乐上班、快乐加班了吗？

谁不希望快快乐乐地实现目标呢？别以为这是天方夜谭，这其实是每个人自己的选择。反正，愁眉苦脸也是做，开开心心也是做。

不喜欢交际应酬是吗？为什么不把它看成朋友间的喝酒划拳呢？

不喜欢每月的业绩目标是吗？为什么不把它看成斯诺克的击球入洞呢？不喜欢和讨厌的家伙合作共事是吗？为什么不当成“斗地主”时的忽敌忽友呢？反正都得做，快乐一点吧！

想通了这些，你有没有发现那些在拼命地工作和娱乐之间找平衡的人是多余的了吧！因为无论你在做什么，都有权利选择快乐，因为工作和游戏的本质一样，都是为了让人快乐。

顺利转化自己的角色

有一个女子，出身于一个平常的家庭，做一份平常的工作，嫁了一个平常的丈夫。总之，她的一切都十分平常。突然有一天，她被一个导演看中，让她饰演一部戏中的王妃。从此开始了“王妃”生涯。

演戏对她来说太艰难了，她阅读了许多有关“王妃”的书，细心揣摩“王妃”的心思，重复“王妃”的一颦一笑、一言一行……

最后，她终于能够顺利地扮演“王妃”了，进入角色已无须多少时间。

然而，糟糕的是，现在她想要回到那个平常的自己却非常艰难。无论戏里戏外，她都流露出“王妃”的姿态，甚至在家里对待丈夫和孩子也是如此。

每天早上醒来，她必须提醒自己“我是谁”，以防止毫无来由地对人“摆气势”；在与善良的丈夫和活泼的女儿相处时，她必须告诫自己“我是谁”，以避免莫名其妙地对他们喜怒无常。

只能演主角，而不能演生活中的配角的尴尬让她无法找回自己。

主角配角都能演，台上台下都自在，是一种面对现实人生、机智做事、能伸能屈的弹性。

罗艾先生工作非常努力，人也很有才干，大家都知道他很想升为部长，同时也都认为他有当部长的能力。

公司董事会对他的成绩也很认可，就真的提升他做了部长。这样，他工作更加努力了。看他每天办公、开会，忙进忙出，兴奋中难掩骄傲的神色，大家都替他高兴，也祝他更上一层楼。

可是过了一年，公司人事变动，罗艾先生下台了，被调到别的部门当职员。得知消息的那天，他关上办公室的门，一整天没有出来。

又做回一般的职员，大概难忍失去舞台的落寞，他日渐消沉，后来变成了一个愤世嫉俗者，再也没有升过官……

事实上，在人生的舞台上，上台下台本来就很平常。如果你的条件适合当时的需要，当机缘一来，你就上台了。

如果你演得好演得妙，你可以在台上久一点，如果唱走了音，演走了调，老板不叫你下台，观众也会把你轰下台；或是你演的戏码已不合潮流，或是老板要让新人上台，于是你就下台了。这种情形在政治界最为明显，当部长多风光，可是说下台就下台！

上台当然自在，可是下台呢？难免神伤，这是人之常情，可是我认为还是要上台下台都自在。

所谓自在指的是心情，能放宽心最好，不能放宽心，不要把这种心情流露出来，免得让人以为你经不住打击；你应平心静气，做你该做的事，并且想办法提高你的演技，随时准备再度上台——不管是原来的舞台或别的舞台——只要不放弃，就会有机会！

另外还有一种情形也很令人难堪，就是由主角变成配角。如果你看电影、电视的男女主角受到欢迎、崇拜的情况，你就会了解由主角变成配角的那种难堪。

就像人生免不了上台下台一样，由主角变成配角也一样难以避免——下台没人看到也就罢了，偏偏还要在台上演给别人看！

由主角变成配角也有几种情形，第一种是去当主角的配角，第二种情形是与配角对调。

这两种以第二种最令人难以释怀。

真正演戏的人可以拒绝当配角，甚至可以从此退出那个圈子，可是在人生的舞台上，要退出并不容易，因为你需要生活，这是现实啊！

所以，由主角变成配角的时候不必悲叹时运不济，也不必怀疑有人暗中搞鬼。你要做的也是平心静气，好好扮演你配角的角色，向别人证明你主角配角都能演！

这一点很重要，因为如果你连配角都演不好，那么怎么让人相信你还能演主角呢，如果自暴自弃，到最后就算不下台，也必将沦落到跑龙套的角色，人到如此就很悲哀了。

如果能扮演好配角，一样会获得掌声，如果你仍具有当主角的优势，自然会有再度挑大梁的一天！

你不能控制他人，但你可以掌控自己；你不能选择容貌，但你可以展现笑容；你不能左右生活，但你可以改变心情。积极的心态不是天生的，而是后天养成的，是人主动创造出来的，换一个角度看问题，心情也就换了个天地。

苏东坡在被贬谪到海南岛的时候，岛上的孤寂落寞，与当初的飞黄腾达相比，简直判若两个世界。但苏东坡却认为，宇宙之间，在孤岛上生活的，也不止他一人；大地也是海洋中的孤岛！就像一盆水中的小蚂蚁，当它爬上一片树叶，这也是它的孤岛。所以，苏东坡觉得，只要能随遇而安，就会快乐。

苏东坡在岛上，每当吃到当地的海产时，他就庆幸自己能到海南岛。甚至他想，如果朝廷有大臣早他而来，他怎么能独自享受如此的美食呢？所以，被贬谪万里的苏东坡没有客死他乡，后来终于有机会，返回朝廷。

人生的机遇是变化多端，难以预料的，起伏难免，有时逃都逃不掉，碰到这种情况，就应有上台下台都自在，主角配角都能演的心情，这是面对人生的一种能屈能伸的弹性，而你的这种弹性，不但会为你的人生找到支点，也会为你寻得再放光芒的机会！

不要刻意追求完美

佛经上，把我们生存的这个世界称为“娑婆世界”，意思是能容忍许多缺憾的世界。一方面，这个世界没有一样事物是完美的，一切都在矛盾之中；另一方面，你不觉得这种不完美本身就已经很完美了吗？

一位禅师想从两位徒弟中选一个做衣钵传人。一天，禅师对徒弟们说：“你们出去给我捡一片最完美的树叶。”

徒弟遵命而去。时间不久大徒弟回来了，递给师父一片并不漂亮的树叶，对师父说：“这片树叶虽然并不完美，但它是我见到的最完整的树叶。”

二徒弟在外面转了半天，最终却空手而归，他对师父说：“我见到了很多很多的树叶，但是怎么也挑不出一片最完美的。”

最后，师父把衣钵传给了大徒弟。

世界上没有最完美的树叶，也没有绝对完美的事情。如果我们一味苛求完美，到最后将得不偿失。

害怕失败可以与苛求完美联系在一起。由于我们过多地考虑别人对我们努力的成果有什么看法，因此我们就会无止境地努力去把事情完全做好，这样不仅浪费了时间，而且在这个过程中还存在着扼杀我们自发性与创造性的危险。

缺憾是与生俱来的，想尽一切办法也是不能完全避免的，就算是利用基因技术将人的DNA组合到最完美的地步，随之也会有新的问题产生，只能算是拆东墙补西墙。因此，可以说缺憾是伴随着生命的。

追求完美并没有错，可是不宜凡事都苛求完美。

追求完美的人最普遍的错误想法，就是认为不完美便毫无价值。譬如说，一个每科成绩取得优等的学生，偶尔在一次考试中有一科拿了中等成绩，便大感沮丧，认为那就是失败。这类想法使苛求完美的人害怕犯错，而且一旦犯错后又做出过分的反应。

他们的另一个误解是相信错误会一再重复，认为“我永远都不能把这件事做好。”苛求完美的人不会自问能从错误中学到什么，而只是自怨自艾，说：“我真不该犯这样的错，我决不能再犯了！”这种自责态度导致产生一种受挫折和内疚的感觉，反而会使他们重复犯同样的错误。

美国的 D. 伯恩斯教授曾进行过一项调查，作为他研究工作效果和情绪健康的一个环节。他向 150 名每年收入 1 万 ~ 15 万美元的推销员提出一系列问题，结果发现，他们之中约有 40%是属于苛求完美的人。可以预料的是，这 40%的人所受的压力，比其余那些不苛求完美的人要大得多。但他们的成就是否更大呢？说来奇怪，答案却是否定的。这些苛求完美的人，在生活中显然较常感到焦虑和沮丧，可是没有任何证据显示他们的收入比其余的人高。

为什么苛求完美的人特别容易情绪不安？为什么他们的工作效果会受到损害？其中一个原因就是，他们以一种不正确和不合逻辑的态度看待人生。

实际上，追求完美的人由于经常遭遇到挫折和压力，因此可能降低他们的创作能力和工作效果。

伯恩斯所说的“苛求完美”，究竟是什么意思呢？有些人以争取高水准为乐，他们要求的是合理的卓越表现，这种健康的追求，并非我们所说的“苛求完美”。当然，不重视素质的人根本就难以获得真正的成就。但“苛求完美的人”却强迫自己勉强达到不可能的目标，并且完全用成就来衡量自己的价值。结果，他们变得极度害怕失败。他们感到自己不断受到鞭策，同时又对自己的成就不满意。

事实证明，强逼自己追求完美不但有碍健康，会引起像沮丧、焦虑、紧张、情绪不安等症状，而且在工作效果、人际关系、自尊心等方面，亦会招致失败。

其实，存在缺憾并不代表没有价值。失去断臂的维纳斯，她的美不仅征服了西方也征服了东方。曾几何时，多少艺术家绞尽脑汁，想为她重塑双臂，然而，欲成其美，适得其反。许多悲剧之所以那么耐人寻味就在于它的缺憾，留给观看的人很大的思考余地。正如狄德罗所说：“如果世界上一切都是十全十美的，那便没有十全十美的东西了。”月亮因为有阴晴圆缺，所以才那么的丰富多彩。卓越、出色者并非完美，奇才常常有大缺憾。著名影星索菲亚·罗兰，有人说她嘴太大，身体则丰满得有点偏胖，然而她却被评为20世纪最美的女人。美国伟大的总统林肯，形象丑陋，不修边幅，嗓音粗哑，但他却是美国历史上最优秀的演说家之一。

为了帮助苛求完美的人戒除这个心理习惯，伯恩斯教授首先请他们列出追求完美的好处和弊端。一名向他求助的法律系学生只举出一个好处：“这样做有时会得到优秀成绩。”接着他列出六个弊端：“第一，它令我神经非常紧张，以致有时连普通成绩也拿不到；第二，我往往不愿冒险犯错，而那些错误却是在创作过程中必然会发生的；第三，我不敢尝试新的东西；第四，我对自己诸多苛求，令生活失去了乐趣；第五，由于总是发现有些东西不算完美，因此我根本不能松弛下来；第六，我变得不能容忍别人，结果别人认为我是个吹毛求疵者。”

根据这个利弊分析，他终于认为若放弃苛求完美，生活可能会更有意义和更有成就。

伯恩斯指出：“假如你目标契合实际，那么，通常你的心情便会较为轻松，行事也较有信心，自然而然便会感到更有创作力和更有工作成效。我不是鼓吹放弃努力奋斗，不过，事实上你也许会发现，在你不是追求出类拔萃成就而只是希望有确实良好的表现时，反而可能会获得一些最佳的成绩。”

你也可以用反躬自问的方式来抗拒苛求完美的思想，例如，“我从错误中可以学到什么?”你可以做个实验，想想你犯过的一项错误，然后把从中得到的教训详列出来。千万别放弃犯错的权利，否则你便会失去学习新事物以及在人生道路上前进的能力。你要牢记，追求完美心理的背后隐藏着恐惧。当然，追求完美也有一个好处，就是无须冒着失败和受人批评的危险。不过，你同时会失去进步、冒险和充分享受人生的机会。说来也奇怪，敢于面对恐惧和保留犯错误的权利的人，往往生活得更快乐和更有成就。

接受自己的一切

缤纷色彩能够显出的美丽，是因为它没有分开每种色彩。

——曼德拉

接受你自己的一切，就像是在对你自己说：“我也许不完美，但我就是我，这没有关系。”当消极思想出现时，你可开始将它们看作整体中的一小部分，始终以善意和宽容来对待自己。

西方有两句这样的格言，讲的都是同一个道理。

“我坚持我的不完美，它是我生命的真实本质。”

“热爱自己是终生浪漫的开端。”

全面接受你自己是很重要的，其原因之一便是这可使你更安心地对待自己，更具同情心。当你感觉到无保障，不要假装“并无不妥”，你可坦然面对这一现实并对你自己说：“我觉得害怕，但没关系。”如果你感到有点嫉妒、贪婪或气愤，不要否认或埋葬你的感觉，你要坦然面对它们，这可帮你迅速摆脱并远离它们。当你不再把你的消极情绪看得过重，或当作可怕的事，你就不会再像从前那样被它们吓倒。当你接受自己的一切时，你就不再需要去假装生活是完美的，或希望如此。相反，你会接受自己的现状，就在现在。

当你接受自己不够完美的那些部分，奇迹便会出现。伴随消极的方面，你也将开始注意到积极的方面，你自己身上那些极出色的、你也许从未认为自己所具有的、甚至从未意识到的方面。当你有时在心里对自己表现出兴趣时，或当你令人难以置信地无私时，你可能就会注意到它们。有时你可能会觉得无保障或害怕，但更多的时候你是勇敢的。尽管有时你肯定会焦虑不安，但你也能非常放松。

意大利的比萨塔建造好之后，人们发现它慢慢地倾斜了。无论从哪个角度来看，这是个建筑技术的失败。

当时有人想拆除它，在比萨塔没有出名以前，这种呼吁一直都没有停止过。但是，意大利人却迟迟没有动手。

他们容纳了这个奇怪的建筑物。数百年后，它成了意大利最著名的建筑。

能否悦纳自己是衡量一个人的心理状态是否积极和健康的一项重要的指标。悦纳自己是指一个人相信自己存在的价值，认同自己的能力，并在行为上表现出一种与环境和他人积极互动的心理定式。通俗地说，能够愉悦地接纳自己，包括自己的某些缺陷，并能不断地进行自我激励，会使自己的人生过得更加充实而有意义。

民间有这样一个传说：一个农夫有两个水罐，一个完好无损，一个有一条裂缝。农夫每次挑水，完好的水罐总能把水从远处小溪运到主人家，而有裂缝的水罐回到主人家时往往只有半罐水。这只有裂缝的水罐感到无比痛苦和自卑。一天，它在小溪边对主人说："我为自己每次只能运送半罐水而感到惭愧。"这时，农夫惊讶地说："难道你没有看见回家的路旁那些盛开的鲜花吗？这些花只长在你那一边，而并没有长在完美水罐那一边。如今，这些鲜花已给我们一路上带来了许多美丽的风景！"

这则小故事告诉人们，如果我们能够坦然地、微笑地面对自己生命中的一些缺憾和工作中的不足，愉悦地接纳自己，扬长避短，充分发挥自己的潜力，同样会给我们带来"柳暗花明又一村"的美景。

随时随地把握时机

居住在美国弗吉尼亚州的一个农夫，他出巨资买下了一片农场之后突然发现自己上当了，因为这块地不能种水果，也不能养猪。这里生长的只有白杨树和响尾蛇。在一番痛苦和后悔之后，他想到了一个很好的主意，要把这块土地的价值利用起来——那些响尾蛇是关键。他的做法令每个人都很吃惊，因为他开始做响尾蛇罐头。

几年之后，他的生意规模上去了，到他农场来参观的人高达几万人次。他取出响尾蛇的蛇毒，送到各大药厂去做蛇毒的血清，把响尾蛇的皮以高价卖给厂家做鞋子和皮包，把响尾蛇的肉做成蛇肉罐头销售。由于他独到的眼光和天才般的智慧，他所在的村子现在已经成为有名的响尾蛇村。

威廉波里索曾经忠告世人："生命中最大的一件事情，就是不要拿你的收入来当资本。任何智力障碍者都会这样做，但真正重要的是要从你的损失中获利。这就必须靠才智才行，也正是这一点决定了智力障碍者和聪明人之间的区别。"

我们大多数人不幸被威廉波里索言中，我们根本没有想过如何从损失中创造性地获得利润，我们都缺乏把眼前的不利因素巧妙地转化为有利因素的能力。不过，这种能力的缺乏恰恰是因为我们把大部分时间都耗费在无聊的痛苦上了。尼采对超人的定义是："在必要的情况下忍受一切，而且还要喜爱这种情况。"从无数成功者的历程中可以看到：他们刚开始的起步条件并不比我们优越多少，甚至还不如我们，他们所不同的就是没有在痛苦、抱怨中沉沦，而是积极地利用现有的这点资源努力进取，甚至把缺陷也做成了"特点"，慢慢地，他们也就创造、积累了更多更好的新资源。

1988年4月27日，美国阿波罗航空公司一架波音737客机从檀香山起飞后不久，意外的爆炸把前舱顶掀起一个足有6平方米的大洞，驾驶员不得不把飞机紧急降落在附近的机场上。除了飞机上一名空中小姐被气流从舱顶抛出不幸身亡之外，其余89名乘客都平安生还。

对这一事故，波音公司的竞争对手们，立即大肆宣传，趁机发难，波音公司面临巨大压力。但经过调查后，发现事故是因为飞机太旧、金属疲劳所致的。这架飞机已经飞了20年，起落超过9万次，大大超过了保险系数，这样的情况还能使乘客毫不受损，这说明波音飞机质量毫无问题。于是，波音公司组织了声势浩大的宣传攻势，使人们了解事故的真相，更加坚信波音公司的飞机品质。

结果，公司的飞机销量猛增，仅5月份一个月就收到了70亿美元订货款，比第一季度的47亿美元还多。

天有不测风云。有的企业在厄运到来时手足无措，不知如何是好，竞争对手就抓住这一点而肆意攻击，从而使企业陷入困境。

而波音公司则善于把不利因素转化为有利因素，善用反证，从而使公司巧渡难关，并因此而名声大震。可见不仅可以把握自己有利的机会进行宣传，而且还可以抓住不利于自己的情况进行反击，化险为夷。

诚如休谟所言：“一个没有犯过任何错误的人，除了他的理解正确以外，不能要求得到任何其他的赞美，而一个改正了自己错误的人，则既表示他的理解正确，又表示他的胸襟光明磊落。”

充分信任自己的能力

曾有一位中学教师，决定去股市套利，他拿着多年来辛苦积攒的 18 万元钱进入股市。在经历了一系列惊心动魄的暴涨暴跌之后，最后的结局是，18 万元的积蓄化成一股青烟，随风去了。

他变得一无所有，在大多数人眼中，他是一无所有的。但是他自己并不这样认为，他知道自己在股市系列剧中学到了很多东西。于是他把自己推荐给了一个大户，说可以为大户操盘及出谋划策。当那个大户问他凭什么自己要把钱乖乖地拿出来交给一个身无分文的股市失败者时，你猜他怎么说?

他神态自若，轻轻地说："我虽然不能交给你什么赚钱的方法，但是凭借我多年失败的经验，我可以准确无误地告诉你，什么事做不得，做了一定会损失。"

于是那个大户相信了他。后来，这位一无所有的数学教师果然帮助了这个大户避免了很多的损失。再后来，在总结了自己的失败经验和大户们的成功经验之后，他又出来自己干，据说现在已经是几千万的身家了。

日本三泽屋的三泽千代治社长曾经说过："我更信任那些有失败经验的人，一次都不失败的人，我从来不敢委以大任。"我们身上的种种毛病其实就像这些失败一样，往往是映射成功的镜子。愚蠢的人面对毛病就像面对失败一样，就只知道它们是毛病，怪它们使自己失败；只有聪明智慧的人才会把毛病和失败看成通往成功的经验。

如果你希望拥有强壮的臂膀，你就要系统地进行锻炼，不久你的臂部肌肉就会变得强壮有力。

如果你不希望拥有强壮的臂膀，你可以把它捆住，废弃不用，它的力量就会萎缩，以致消失。

各种形式的生命衰退和死亡，都是来自疾病。大自然不能容忍懒惰。保持宇宙每种事物处于不断的运动状态中。从物质的电子和质子到浮于太空的无数星球，没有一样东西曾经静止过一秒钟。自然的格言是：不动则亡！没有折中的余地，没有任何例外。

一个人的困难，是一个人成长的养料，事业取得成功的过程，实质上就是不断战胜困难的过程。

因为任何一项事业要取得相当的成就，都会遇到困难，难免要犯错误，遭受挫折和失败。只要相信自己的力量，树立必胜的信心，尽自己最大的努力，是一定会获得成功的。成功就是如此，往往经历无数次失败才能获得。每一个白手起家的成功人士，他成功的背后，肯定有无数次的失败和战胜失败的经历。

克里蒙·史东是联合保险公司的董事长，最大的商业巨子之一，被称为“保险业怪才”。史东幼年丧父，靠母亲替人缝衣服维持生活。为补贴家用，他很小就出去贩卖报纸了。有一次他走进一家饭馆叫卖报纸，被赶了出来。他乘餐馆老板不备，又溜了进去卖报。气恼的餐馆老板一脚把他踢了出去，可是史东只是揉了揉屁股，手里拿着更多的报纸，又一次溜进餐馆。那些客人见到他这种勇气，终于劝主人不要再撵他，并纷纷买他的报纸看。史东的屁股被踢痛了，但他的口袋里却装满了钱。

勇敢地面对困难，不达目的绝不罢休——史东就是这样的人。

史东在中学的时候，就开始试着去推销保险了。他来到一栋大楼前，当年贩卖报纸时的情况又出现在他眼前。他因害怕而发抖，但他安慰自己“如果你做了，没有损失却可能有大的收获，那就下手去做。马上就做!”

他走进大楼，心想如果他被踢出来，他准备像当年卖报纸被踢出餐馆一样，再试着进去。但是这次他没有被踢出来。每一间办公室，他都去了。

那天，有两个人向他买保险。就推销数量来说，他是失败的，但在了解他自己和推销术方面，他有了极大的收获。第二天，他卖出了 4 份保险。第三天，6 份……他的事业开始了。

20 岁的时候，史东自己设立了只有他一个人的保险经纪社，开业的第一天，他就在繁华的大街上销售出了 54 份保险。有一天，他做出了令人几乎不敢相信的纪录，120 份。以一天 8 小时计算，每 4 分钟就成交一份。

几年之后，克里蒙·史东成了一名拥有百万资产的富翁。他说成功的秘诀是一种叫作“肯定人生观”的东西。他还说：“如果你以坚定的、乐观的态度面对艰苦，你反而能从其中得到好处。”

第七章

激发潜能，原来你如此强大

在人们体内的亿万细胞中，有着巨大的潜在力量。这种潜力要是能够被唤醒，人就能够做出种种神奇的事情来。

你的潜能有多大

人的潜能是无穷的，只要你善于挖掘。

19 世纪最伟大的科学家是爱迪生，20 世纪最伟大的科学家是爱因斯坦。爱因斯坦死时曾表示过愿意将他的大脑捐献出来供人们研究。后来科学家研究发现，实际上爱因斯坦的大脑使用还不到全部的 10%。最伟大的科学家的大脑使用都不到 10%，那作为其他的普通人用了多少呢？有些人不到 5%，有些则连 1%都不到。这说明大脑至少有 90%被荒废了，这就是人类最伟大的发现，比爱因斯坦的相对论还伟大。想一想爱因斯坦使用不到 10%的大脑就可以成为最伟大的科学家，取得许许多多惊人的发现，那么我们如果多开发我们大脑的 1%甚至 10%，那结果会是怎样的呢？肯定是不可想象的。根据脑科学研究表明，如果一个人的大脑全部开发，那么他将学会 40 种语言，拿 14 个博士学位，将百科全书从头到尾一字不漏地背下来，他的阅读量可以达到世界上最大的图书馆美国图书馆 1000 万册的 50 倍。一点不夸张地说，只要一个人的大脑得以全部发挥，将完成所有可以想象得到的事情，而我们每个人都拥有这样的大脑，拥有能成为爱因斯坦，能成为比尔·盖茨的大脑，而最终成为什么样的人，就靠你怎么去开发你的大脑，开发了多少。每个人自己就是一座宝藏，那里有源源不断的能量等着你去挖掘。

一个人要实现自己的职业生涯目标，干出一番惊天动地的事业，必须在树立自信，在明确目标的基础上，进一步调整心态，开发潜能，这一点是极为重要的。

人的潜能就如海面上漂浮的一座冰山，阳光之下，其色皑皑，颇为壮观。其实真正壮观的景色不在海面之上，而在海面之下，与浮出水面上的那部分相比，沉浸在海面下的部分是它的5倍、10倍，甚至上百倍。

有位农夫的儿子年仅14岁，有一天将车开出了农场大院，车子翻到水沟里，农夫急忙跑到出事地点。只见儿子被压在车子下面，只有头的一部分露出水面。这位农夫毫不犹豫地跳进水沟把车子抬起，让另一位来援助的雇员把儿子从车下拖了出来。事后农夫觉得很奇怪，自己一个人怎么就能把汽车抬起来呢？他再试了一次，任凭使尽全身气力，却怎么也抬不动那辆车子了。

这就是潜能的力量，农夫因为对儿子的爱，所以在儿子危险的一刻爆发出不可思议的力量，救了儿子，这其实也是爱的力量。

正常人的脑细胞有140亿~150亿个，但只有不足10%被开发利用，其余大部分处在休眠状态，更有研究统计认为有98.5%的细胞是处于休眠，甚至有专家认为只有1%参加大脑的功能活动。而人在30岁以后每天脑细胞是以10万个的速度在死亡，虽然这对大脑150亿脑细胞来说是微不足道的，但如果死亡的是已开发的、有功能的脑细胞，必然影响脑效能，必显迟钝呆板。我们开发的大脑潜能约有95%尚待开发与利用，即使像爱因斯坦这些科学精英的大脑的开发程度也只达到13%左右。按照这样的理解，开发大脑潜能，让自己变得更加聪明起来并非什么天方夜谭。

由于各种复杂的内部和外部原因，人的大脑机能存在着一种抑制现象，使得人们长期难以察觉自己的能力。在意想不到的强刺激条件下，这种抑制被解除，蕴藏在人体内的潜能会突然爆发出来，产生一种神奇的力量，使人做出平时根本做不到的事情来。

沙特阿拉伯塔伊夫城有一个25岁的漂亮姑娘，不知什么原因“哑”了20年，经多方医治毫无效果。有一天，媒人领进一个大她25岁的长得很丑的老头子来相亲，见面之后，姑娘的父亲私自做主，逼着姑娘嫁给他。姑娘急了，竟讲出20年来的第一句话：“我宁死也不嫁给他！”

人们常常埋怨社会埋没人才，其实，由于缺乏信心和勇气、自卑、懒惰、安于现状、不思进取，自我埋没的现象也是相当普遍的。如果我们能多给自己一点刺激，多一点信心、勇气、干劲，多一分胆略和毅力，就有可能使自己身上处于休眠状态的潜能发挥出来，创造出连自己也吃惊的成功来。

激发自己的潜能

在我们每个人的体内都潜伏着巨大的才能，但这种潜能酣睡着，一旦被激发，便能做出惊人的事业来。

生命潜能管理就是以系统的方法管理自我及周边资源，达成人生的目的。成功者与失败者的差别，是成功者能够自我管理、激励，并且做有效的时间分配，而失败者却不然。

在美国东部某市的法院里有一位法官，他中年时还是一名目不识丁的鞋匠。60多岁的时候，却成为全城最大的图书馆的主人，获得许多读者的交口称赞，被人认为是学识渊博、为民谋福利的人。这位法官唯一的希望，就是要帮助众多的人接受教育，获得知识。可是他自身并没有接受过系统的教育，为何会产生这样宏大的抱负呢？原来他不过是偶尔听了一篇关于《教育之价值》的演讲。结果，这次演讲唤醒了他潜伏的才能，激发了他远大的志向，从而使他做出了这番造福一方民众的事业来。

一般来说，一个人的才能取决于他的天赋，而天赋又不容易改变。但实际上，大多数人的志气和才能都深藏潜伏着，必须外界的东西予以激发，志气一旦被激发，如果又能加以继续的关注和教育，就能发扬光大，否则终将萎缩而消失。

实际上，任何人都拥有特殊能力或才能。不管怎样愚笨的人，都有只有他才能做到的事情。同时，被认为只能做一件事的人，也往往会有多样的才能，只是自己无法发现，所以就让自己的才能一直沉睡下去，没办法活用而已。但是人往往很不容易发现及认同自己的才能，而只会发现自己的缺点，潜在的才能就这样一直隐藏下去。因此通往成功的第一步，首先要不拘泥于自己的弱点。

你必须了解人生的最终目的——你到底想要什么？

一生中哪些对你而言是最重要的？

什么是你一生当中最想完成的事情？

如果我们能够深入到自己内在力量的深处，那么就可以寻找到生命的源泉。一旦饮得这生命的活水，就不再会感到口渴，这种源泉就可取之不尽，用之不竭。

每个人都有许多潜能尚未发挥，然而，若要将潜能发展至百分之百是不可能的，因为潜能是无限的。

但目前已经有方法能让你有系统地发展潜能。由此，你会越来越喜欢自己，喜欢学习，喜欢家人，喜欢生活环境和其他人，也会不停地追求、进步、成长，分享成功经验，结交朋友，迈向平衡式成功，不断地为人类社会谋求幸福快乐，成为一个快乐、成功的人。

在人们体内的亿万细胞中，有着巨大的潜在力量。这种潜力要是能够被唤醒，就能做出种种神奇的事情来。然而大部分人好像不明白这一点。病人在病势垂危、呼吸困难时，在听了医生或亲友的一席热烈恳切的安慰话语后，竟然会起死回生。

在人的身体和心灵里面，有一种永不堕落、永不败坏、永不腐蚀的东西，这便是潜伏着的巨大力量。这种力量一旦被唤醒，即便在最卑微的生命中，也能像酵素一样，对身心起发酵净化作用，增强人的行动力。在有些时候，人会有机会看到自己的内在力量，有时读了一本富有感染力的书，或者由于朋友们的真挚鼓励，也能发现自己的内在力量。但无论用何种方法，通过何种途径，一旦激起内在力量后，你的行为一定会大异于从前，你就会变成一个大有作为的人。

态度决定高度

人生就像一杯茶，当你哀伤的时候去品它是苦涩的；而当你愉悦的时候去品它却是香甜的。同一个人生，用不同的心态对待它，结果自然大相径庭。

有个教授做过一个实验，12 年前他要求他的学生进入一个宽敞的大礼堂，并自由找座位坐下，反复几次后，教授发现有的学生总爱坐前排，有的则盲目随意，四处都坐，还有一些人似乎特别钟情后面的座位。教授的追踪调查结果显示：爱坐前排的学生中，成功的比例高出其他两类学生很多。因为有了一颗永远在最前排的积极态度，决定他们成功的高度。

没有什么事情做不好，关键是你的态度问题，事情还没有开始做的时候，你就认为它不可能成功，那它当然也不会成功，或者你在做事情的时候不认真，那么事情也不会有好的结果。你对事情付出了多少，你对事情采取什么样的态度，就会有什么样的结果。

两兄弟在沙漠中跋涉数日，口干舌燥，饥肠辘辘。他们翻遍了所有的口袋，只剩下一只苹果，哥哥叹息说："完了，只剩一个了。"弟弟兴奋地说："太好了，还有一个。"

一个人有什么样的心态，就会有什么样的追求和目标。具有积极、乐观心态的人，其人生目标必然高远；有了高远的目标，必然会为之努力。有努力必有回报。第一个工人总在抱怨生活的不公，心情是郁闷的，想的都是一些令自己不愉快的事，回答别人的问题时都是满肚子怨气。

两个同龄的年轻人同时受雇于一家店铺，并且拿同样的薪水。

可是一段时间后，叫阿诺德的那个小伙子青云直上，而那个叫布鲁诺的小伙子却仍在原地踏步。布鲁诺很不满意老板的不公正待遇。终于有一天他到老板那儿发牢骚了。老板一边耐心地听着他的抱怨，一边在心里盘算着怎样向他解释清楚他和阿诺德之间的差别。

“布鲁诺先生，”老板开口说话了，“您现在到集市上去一下，看看今天早上有什么卖的。”

布鲁诺从集市上回来向老板汇报说，今早集市上只有一个农民拉了一车土豆在卖。

“有多少？”老板问。

布鲁诺赶快戴上帽子又跑到集上，然后回来告诉老板一共40袋土豆。

“价格是多少？”

布鲁诺又第三次跑到集上问来了价格。

“好吧，”老板对他说，“现在请您坐到这把椅子上一句话也不要说，看看别人怎么说。”

阿诺德很快就从集市上回来了，向老板汇报说到现在为止只有一个农民在卖土豆，一共40口袋，价格是多少多少，土豆质量很不错，他带回来一个让老板看看。这个农民一个钟头以后还会弄来几箱西红柿，据他看价格非常公道。昨天他们铺子的西红柿卖得很快，库存已经不多了。他想这么便宜的西红柿老板肯定会要进一些的，所以他不仅带回了一个西红柿做样品，而且把那个农民也带来了，他现在正在外面等回话呢。

此时老板转向了布鲁诺，说：“现在您肯定知道为什么阿诺德的薪水比您高了吧？”

同样的小事情，有心人做出大学问，不动脑子的人只会来回跑腿而已。别人对待你的态度，就是你做事情结果的反应，像一面镜子一样准确无误，你如何做的，它就如何反射回来。

再看看我们身边，有多少人能真正对待自己从事的工作？浮躁，抱怨，这山望着那山高，导致一些人一辈子碌碌无为，一事无成。而那些在本行业、本领域做出了杰出贡献的人，无一不是兢兢业业，一丝不苟，乐观向上的。

态度可以决定一个人的成长高度，干任何工作，干任何事情，都是如此。一个人的态度决定了能否把这件工作、这件事情做得更完善、更完美。同时，也决定着一个人能否走上更高的职位。

世上无难事，只怕有心人。做任何事情都必须下定决心，不怕吃苦，不怕劳累，只要你认真地去做了，事情总会有结果。也许努力不一定会成功，但如果你不努力就一定不会成功。世界上没有做不好的事情，只有态度不好的人。做任何事情，都要有一个好的态度。有了好的态度，对工作、对他人、对自己都会表现出热情、激情和活力；有了好的工作态度，你就不怕失败，即使遇到挫折也不气馁，而是充满直面人生的勇气，这样的人一定会更容易在事业和生活中取得比别人更好的成绩，比别人更容易、更快地走向成功。俗话说，性格决定命运，好的性格就是由好的态度一点一滴地培养而成的。

“一根筋”中的“金”

从前，有一个人到沙漠里挖井，在烈日、飞沙的折磨下，掘地10米，可是，比金子更宝贵的泉水并没有冒出来。在如此恶劣的环境里，他已经苦干了10天，使出了全力，他觉得已经没有力气继续挖掘下去，而且认为挖了10米，这里没有泉水，于是，抖抖灰尘，连铁镐也不要，径直回家了。几天后，又来了一个挖井人，他在上述挖井人的基础上继续挖掘，他认为已经挖掘了这么深，再挖几米，应有会挖到水了。果然，他再挖三尺，泉水就汩汩地冒出来了。

只要功夫深，铁杵磨成针，但是常常是这样，我们自以为聪明，而从不喜欢干“傻事”。其实这样的聪明是小聪明，是大糊涂。人生没有一点执着，没有一点“一根筋”是根本办不成任何事情的。如果仅凭着自己的小聪明，只做举手之劳的事，而对于需要下苦功，流汗水的事，不是敷衍了事，就是想走捷径。哪有那么容易的事呢?“欲求生富贵，须下死功夫”，古人早有明训。

做任何一件事情都必须执着，一门心思地做下去，抱着不达目的不罢休的态度，不管这件事情有多么的困难，都会有成功的那么一天。这种想法谁都知道是正确的，但在真正执行的过程中，需要真正的耐心，恐怕只有那些“一根筋”的人才会做得更好。在《阿甘正传》中，阿甘可以说是不折不扣的低智能人士，由于天赋的原因，他甚至连普通的小学都不能上，但是就是凭着他的执着劲，凭着他的“一根筋”。在校园里成为橄榄球明星；在丛林中他救出一个又一个战友，成为战斗英雄；在商业领域，他成为最成功的商人之一。甚至有一回，当他在美国东西海岸长跑的时候，一大群人追随着他，没人知道他为什么跑。有的人把他当作精神的象征，有的人把他当作人权的勇士。有个记者问他是为什么跑？是为了人权吗？为了环保吗？在很多人眼中，任何事情必须有一个目的，而且必须有一个高尚的目的，但是他们永远领略不到阿甘的纯粹。这也是阿甘能够心无旁骛，做好每一件事情的原因。人们认为阿甘是智力障碍者，是“一根筋”，其实到底谁傻呢？

有时候，世情并不像我们想象的那样难，最缺乏的往往是坚持。执着而坦然地做任何事情，总会带给我们意外的效果。比如，无盐是春秋时一个奇丑无比的女人，长相粗陋不堪，生得凹头深目，长肚大节，昂鼻结喉，肥项少发，折腰出胸，皮肤如漆。令人望而却步，年过四十，不但流离失所，甚至无容身之处。她本来有个名字叫钟离春，因生得太丑，又出生在无盐，大家就都把她叫作“无盐”，反而忘记了她的本来姓名。

虽然生得丑，但她是一个聪明有远见的人。

春秋战国时代，兼并侵扰，此起彼落，用现在话说是“竞争激烈”，各国的“民本思想”就都十分盛行，一个黎民百姓，也可以毫无顾忌地求见国君，陈述自己的愿望，对国家施政方针提出建议。有一天，无盐也鼓足勇气，前往临淄求见齐宣王。

邻人得知她要见齐宣王，劝说道：“你也不看看你的相子，最好别去，去了也被赶出来。”

无盐女说：“我不但要去，还要成为齐宣王的夫人。”

对于她的想法，邻人嗤之以鼻。

无盐女见到齐宣王，大言不惭地说：“倾慕大王美德，愿执箕帚，听从差遣！”

齐宣王后宫国色天香的佳丽比比皆是，更不缺执役人等，听了无盐女的话，看着眼前这个丑陋的女人，竟然异想天开，不自量力，禁不住哈哈大笑。

不料无盐女却镇静自若，一本正经地连说：“危险啊！危险啊！”

齐宣王半是玩笑半是认真地说：“你说危险，那是什么啊？愿闻其详。”

于是无盐女慢条斯理，侃侃道来：“秦楚环伺齐国，虎视眈眈，而齐国内政不修，忠奸不辨，太子不立，众子不教，齐王你专务嬉戏，声色犬马，这是第一件可忧虑的事情；兴筑渐台，高耸入云，饰以彩缎丝绢，缀以黄金珠王，玩物丧志，利令智昏，这是第二件可忧虑的事情；贤良逃匿山林，谄谀环伺左右，谏者不得通入，谠论难得听闻，这是第三件可忧虑的事情；花天酒地，夜以继日，女乐俳优，充斥宫掖，外不修诸侯之礼，内不秉国家之治，这是第四件可忧虑的事情。危机四伏，已是危险之至！”

齐宣王首先还是要听不听，渐渐地目瞪口呆，无盐女说完之后良久才虔敬地说道：“得聆教言，犹如暮鼓晨钟，如果我今后还有一点点进步，皆君所赐。”

刹那之间，齐宣王一惊而悟，即刻下令拆除渐台，罢去女乐，斥退谄佞，摒弃浮华，然后励精图治，从此齐国国势蒸蒸日上。无盐女也成了齐宣王的王后。

由此可见，没有这种做事“一根筋”，不达目的不罢休的心态，无盐女不会获得成功。在现实生活中，很多人缺少这种做事的心态，所以才会事事半途而废。所以，要想成大事，必须学习老粗做事“一根筋”的态度。

做人做事有一点“一根筋”，不按常人的思路前进，而是沉迷于一处，执迷不悟，一股劲地钻下去……这样的人，内心的激情像炉中的一团火，时常呼呼地燃烧着。所以，在常人看来，他们简直是异想天开的幻想家，甚至是疯子……大凡古今中外的成功者往往偏执。偏执的程度如何，也决定着成果的大小。顶级的成功者，往往是偏执狂。

英特尔的总裁安迪·格鲁夫在办公桌玻璃板下压了一张字条：

"唯有偏执狂才能生存。"这句话不仅是他的座右铭，更成为英特尔日常工作中不折不扣的格言。

当然，我们说做人要有一点"一根筋"，不等于刚愎自用，不等于一切以自我意识为主，不等于偏激、偏见狂和极端，指的是耐得住寂寞为信念前进的自律自信的坚持精神

关键时刻破釜沉舟

公元前一世纪，罗马的恺撒大帝统领他的军队抵达英格兰后，下定了绝不退却的决心。为了使士兵们知道他的决心，恺撒当着士兵们的面，将所有运载他们的船只全部焚毁。但很多青年在开始做事的时候往往给自己留着一条后路，作为遭遇困难时的退路。这样怎么能够成就伟大的事业呢？

破釜沉舟的军队，才能决战制胜。同样，一个人无论做什么事，务必抱着绝无退路的决心，勇往直前，遇到任何困难、障碍都不能后退。如果立志不坚，时时准备知难而退，那就绝不会有成功的一日。

或许，我们都羡慕成功者拥有的财富和荣耀，但我们只看到了他们的成功，却很少有人关注他们在成功背后所付出的艰辛。对这些成功者来说，他们也曾遭遇过失败，经历过挫折，但与别人不同的是，他们从来不给自己留退路。

成功者是不喜欢给自己留后路的，因为退缩只属于失败者。退路往往成为一个人退缩的理由，一旦事情有所不顺的时候，给自己留下后路的人总是在惦记自己还有一个选项，因而不愿意尽力坚持目前的事业。所以，一个人要想成功，就要切断自己的退路，因为没有退路，就只好尽自己最大的能力向着成功的方向前进，而任何一个人，一旦最大限度地发挥自己的能力去做一件事，那他成功的概率是非常大的。因而，从这个角度来讲，没有任何退路可走的人是最容易走向成功的。也就是说，没有退路即有出路。

戴摩西尼是古希腊著名的演说家，他曾经花大力气训练自己的演说能力。为此，他总躲在一个地下室练习口才。但是，这种训练极其枯燥，由于耐不住寂寞，他时不时就想出去溜达溜达，心总也静不下来，练习的效果很差。无奈之下，他横下心，挥动剪刀把自己的头发剃去一半，变成了一个怪模怪样的“阴阳头”。这样一来，因为羞于见人，他只得彻底打消了出去玩的念头，一心一意地练口才，一连数月足不出室，演讲水平突飞猛进。经过一番顽强的努力，戴摩西尼最终成了世界闻名的大演说家。

专注是取得成功最重要的特质，只有心无旁骛、全神贯注，并且，持之以恒、锲而不舍地追逐既定的目标才有可能成功。但是，人人都有天生的惰性、有太多的欲望，要克服这些并不容易，于是也就难免战胜不了身心的倦怠，抵御不住世俗的诱惑。一些人因此半途而废，功亏一篑。那么，当惰性膨胀、欲望汹涌，追求的脚步踯躅不前时，应该怎么办呢？不妨学学戴摩西尼，他的办法固然有些极端，但唯有如此，才能管用。他剃掉了一半头发，就彻底斩断了向惰性和欲望妥协的退路。而一旦没有退路可逃，就只能一门心思地朝前奔了。断掉退路来逼着自己成功，是许多明智者的共同选择。

曹操的部将徐晃在和刘备军争夺汉中的战争中，陈兵汉水，他的副将问，如果部队渡过汉水，遇上什么急事需要撤退怎么办？于是徐晃想出了一项自作聪明的计策，搭起浮桥引兵渡行。然而就是这一条浮桥，断送了徐晃战胜的希望。黄忠、赵云左右夹攻，魏军战士因有退路而不思死战，纷纷被逼入汉水，死伤无数。韩信背水胜而徐晃背水败，其玄妙就在于徐晃为自己留了一条后路，将帅尚无誓死之心，兵士怎会安心作战呢？而在守街亭的战斗中，著名的“理论家”马谡不听诸葛亮之言，将士兵带到山上，而不是据守峡谷之中。他的理由是：第一，居高临下，势如破竹，如果曹军过来，在峡谷中死斗会吃亏，如果从山上往下打，就会很占便宜；第二，他认为守峡谷是一种笨办法，因为那样简直没有退路，若兵败，不是上山就是后撤，还不如提前上山。结果，他丢了街亭，被斩了首级。狭路相逢勇者胜，马谡不明白诸葛亮这么布阵的真正用意，因此轻而易举地让对手看出破绽，对他采取围攻、火烧等战术。所以，他这叫聪明反被聪明误。

《孙子兵法》有云："投之亡地然而存，陷之死地而后生。"原本以死地来激发士气，却因一条退路，军士能战则战，不战则退，怎能不败？

象棋之中，兵卒一旦过了界河是不能回头的，它只可以前进、左冲、右突，唯一不能做的就是后撤。但是，有一句棋语说"卒子过河当小车"，可见这些不可后撤的卒子，虽然只是一步一步地往前推进，其威力也不可挡。而在象棋中，如果要擒对方将帅，往往都只能取得一时先机而胜，这种时间，往往是一往无前，斩断退路的，也就是说，这是一场不是你死就是我活的战斗，唯有如此，棋手才能更好地运筹棋局，否则，如果一味守得自身安全了才进攻，是不可能赢得棋局的。

战场瞬息万变，生生日新月异，所谓成败，往往只在瞬间就决定了。不给自己留退路，就会将自己的信心与勇敢全部集中在前进的道路上，会竭尽全力、孤注一掷地不断前行。此时，任何困难都会被你踩在脚下，任何挫折都会被甩在身后。当你历经艰辛之后会发现：原来，成功就在自己眼前。

法国著名作家雨果创作的名著《巴黎圣母院》是一部脍炙人口的作品。但是，在他创作这部作品的期间却有一段令人回味的小故事。当时的雨果正全身心投入到写作之中，《巴黎圣母院》在他那犀利的笔尖的敲击下也即将完成。但是有一天，他的一个非常要好的朋友突然兴冲冲地跑去约他明天出国旅游，飞机票已经买好，雨果也是一个非常喜欢出国旅游的人，此时的他正面临着两难抉择的局面：一边是即将完成的作品，一边是异国那充满诱惑的风情文化。

但是，在他朋友把这个消息传达给他然后离去的时候，雨果终于下定了决心。他把家里所有的衣橱都锁得死死的，然后把这些钥匙都扔到了家附近的小池塘里面。所以，他便由于没有比较得体的衣服而不可能出国旅游了，在做完这件事后他又跑到自己房间开始全身心投入写作了。不久之后，《巴黎圣母院》也在他用心良苦的创作下问世了，假如当初雨果禁受不住外国风情文化的诱惑，毅然跟朋友出国旅游，那么，他的创作灵感可能会由此而受到很大影响，他的名著也不可能享有如此高的地位了。所以，他这封死了自己所有退路的行为可以说为他的人生点亮了成功的烛光。他在不给自己的人生留下退路的同时，使得他的前方更加宽阔和绚丽。

虽然有另一句话叫作“退一步海阔天空”，但这句话不适用于战争胶着状态和事业关键时期。在大部分情况下，我们退是为了给自己争取更有利的机动位置。但是短兵相接的时候再退，那就会一退千里，一败涂地。我们给自己的人生留下了退路，那么，我们前进的步伐便会变得不坚定，前进的动力也会减少了许多。所以，我们应该学着下定决心前进，不要给自己的人生留下退路，铺出属于自己的成功之路。我们要像石头下的小草一样，不后退，不畏缩，冲破了石头的阻碍，茁壮地成长；要像茧中的蛹一样向前奋进，破茧而出，化成美丽的蝴蝶；要像项羽一样，破釜沉舟，置之死地而后生。

心动就要行动

心动不如行动，虽然行动不一定会成功，但不行动则一定不会成功。生活不会因为你想做什么而给你报酬，也不会因为你知道什么而给你报酬，而是因为你做了些什么才给你报酬。一个人的目标是从梦想开始的，一个人的幸福是以心态上把握的，一个人的成功则在于行动中的实现。你爱成功，成功也爱你，但你若不行动，失败天天都在等着你。成功是信心、耐心、诚心和持续行动的集合，仅有一个成功的原则，绝不会给你带来任何好处，只有行动，才是滋润你成功的食物和水。

小李得知一家企业内刊招聘记者之后，当即带着自己的作品集赶了过去。到了招聘现场一看，仅有的一个岗位，竞争者竟有几百人。而且来应聘的人无论是学历、资历、年龄还是口才，都超过自己。见到这种情形，小李就打退堂鼓了，可是转念一想：既然来了，何不长长见识。于是便耐着性子坐了下来。面试的人很多，而且面试的主考官正是该公司的老总，小李又被安排在后面，看着应聘者一个接一个面色沉重地走出来，小李觉得形式似乎对自己越来越不利。他觉得必须采取独特的面试方式才能打动老总，才能出奇制胜。这时候，在会客室里坐等的几位应聘者开始闲聊。其中有这么几句话引起了小李的注意：“来的都是有经验的人，小小内刊还拿不下来？一个面试还搞这么复杂!”“肯定要当面出题让应聘者动笔，不怕它，都带了作品集来，还说明不了问题?”小李心里一动，当即赶往楼下的打字店，以“求贤若渴”为题写下一篇现场短新闻。回到会客室时，正好轮到自己出场了。面试的内容有些出乎小李的意料，神色已略显疲惫的老总既没提业务，也不问应聘者经历，而是要他从自己的角度谈谈如何当好内刊记者。小李当即递上刚打印完的那篇短新闻稿说自己的角度就是“敏锐”。小李成了应聘人员中百里挑一的幸运儿。老总说：“其实正确的方法大家都注意到了，但心动不如行动，只有你当时把大家都注意到的东西先做在了前面。”

俗话说：“说一尺不如行一寸，心动不如步履。”我们常常在分析，成功者与失败者之间到底有什么差别？其实，就是行动和不行动的差别。人与人之间智力上的差异并不是很大，很多事情，都是做与不做，做得好还是不好，这直接关系到结果，也关系到每个人能否取得成功。

有这样一则寓言故事。

一天，老鼠大王组织召开一次会议，会议的主题就是商讨怎样对付猫吃老鼠。老鼠们踊跃发言，出主意，提建议，会议开了半天，也没有一个可行的办法。这时，一个号称最智慧的老鼠站起来说：“事实证实，猫的武功太高强，死打硬拼我们不是它的对手。对付它的唯一办法就是防”。“怎么防？”大伙提出疑问。“给猫的脖子上系上铃铛。这样，猫一走铃铛就会响，听到铃声我们就隐藏到洞里，它就没有办法捉到我们了！”“好办法，好办法，真是个智慧的主意！”老鼠们雀跃起来。

老鼠大王听了这个建议以后，兴奋得什么都忘了，立即公布举行大宴。第二天酒醒了以后，又召开紧急会议，并公布说：“给猫系铃铛这个方案我批准，现在开始落实。”“说做就做，真好真好！”群鼠仍旧激动不已。“那好，有谁愿意去完成这个艰巨而又伟大的任务呢？”会场里一片寂静，等了好久都没有回应。“假如没有报名的，我就点名啦。小老鼠，你机灵，你去系。”于是老鼠大王指着一个小老鼠说。小老鼠一听，浑身打战，战战兢兢地说：“回大王，我年轻，没有经验，最好找个经验丰富的吧。”“那么，最有经验的要数鼠爷爷了，您去吧。”紧接着，老鼠大王又对一个爷爷辈的老鼠发出命令。“哎呀呀，我这老眼昏花、腿脚不灵的怎能担当得了如此重任呢，还是找个身强体壮的吧。”鼠爷爷连忙拒绝。于是，老鼠大王派出了那个出主意的老鼠。这只老鼠哧溜一声离开了会场，从此，再也没有见到它。老鼠大王一直到死，也没有实现给猫系铃铛的夙愿。

生活中，我们常常想“心想事成”。然而，有了好的想法没有行动，是不可能会取得成功的。

很多人只把想法主意停留在空想的阶段，而不落实到详细的步履中，那么这种空想终究无法变成现实。

步履表现了一个人敢于改变自我、实现自我的决心，是一个人能力的证实。心里有了一种想法主意，不付诸步履，却束之高阁，就永远都不会看到胜利的曙光。

酒香也怕巷子深

生活中，我们常常会说这句话："酒香不怕巷子深。"意思就是说好的东西不怕没人知道。金子埋在地下是不会发光的，煤炭只有燃烧自己，才能释放能量。要大胆自信，敢说敢做，勇于推销自己，主动展示自己，用行动证明自己，真正把自己的潜质彰显出来。

"世有伯乐，然后有千里马，千里马常有，而伯乐不常有。"千里马是很多的，但并不是都有幸得到伯乐的赏识，而身价倍增。所以千里马也要善于推销自己，长啸一声以引起伯乐的注意又有何不可呢？

一坛好酒，香飘四溢，从巷子的深处飘到大街上，从而路人皆知巷子深处有一坛好酒。这当然是在巷子并不深的前提下，假如巷子九曲回肠望不到尽头，那么这坛好酒终究免不了沦为平庸之物。再好的酒得不到别人的品尝也只能孤芳自赏。养在深闺人不知，很多美好的东西都湮没在默默无闻之中，这样的悲剧实在是太多了。

战国时期，七雄逐鹿中原以争天下，布衣毛遂自我推销，前往楚国游说，把自己的说话才能发挥得淋漓尽致，终于使楚王派兵救赵，解赵之围，为中国历史上留下了"毛遂自荐"的千古佳话。

有一匹千里马健步如飞，日行千里。然而在众多的马匹中，这匹马身材瘦小，暗淡无光，普通得根本就没人能看出它和别的马有什么不同之处。马场里其他的马都被别人挑选走了，只有这匹千里马始终没人看上。但是千里马并不为所动，它在心里耻笑那些平庸的马，对那些买主更是不屑一顾，认为他们没有眼光。与其被他们相中，倒不如等待能够赏识自己能力的人。马场的老板渐渐地对这匹马失去了信心和耐心，给它的草料也越来越少。但千里马并不以为意，仍然信心十足，它坚信总有一天会出现赏识自己的伯乐。

有一天真的来了一位伯乐，他在马场上里转悠了半天之后，来到了这匹马的前面。千里马高兴极了，心想这下机会终于来了。伯乐拍了拍马背，要它跑跑看。千里马眼见伯乐如此的举动，心里很是不高兴，心想，你既然是伯乐，怎么会看不见我的能力呢？这不是不相信我吗？还要我跑给你看，肯定不会是伯乐。于是千里马拒绝了奔跑。伯乐失望地摇了摇头，走了。

又一年过去了，一年中，马场里其他的马都被雇主牵走了，只剩下这匹马了。老板本想骑着它回老家去，好好饲养它。然而千里马却不肯走。无奈之下，老板只好把千里马杀了，拿到街上去卖马肉。

千里马至死也不明白，世人为什么要这样对待它。

生活中，很多人常常感叹自己英雄无用武之地，就如这匹千里马一样，等待着伯乐发现自己。其实，很多人的能力很不错，他们也想让别人发现自己的能力。但是却羞于出口，羞于推销自己。他们习惯于等待，等着别人来发现自己。只可惜这个世界上千里马很多，伯乐却不常有，而且即使伯乐站在你面前，你若不在他面前跑一下他也不会知道你是千里马。

中国人历来把谦虚视为一种美德，最不擅长表现自己，然而在当今社会，谦虚很多时候已经行不通了。你谦虚，别人就会把机会从你面前抢走。如今有才能、有创意的人多如牛毛，如果你不表现自己，不推销自己，你的才能就无法展示，那别人又怎么能够知道你呢？又怎么能够发现你委你以重任呢？

现在这个社会，只有善于推销自己才是取得成功的唯一捷径。美好的东西不会自己跑到你的面前来，天上也不会掉馅饼，一切都要靠自己主动去争取。酒香也怕巷子深，如果一味地等待别人发现你，那么失败也就不远了。

每个人都有自己的理想和抱负，但是理想并不是靠等待就能实现的，必须得醒目地亮出自己，为自己争取更多的机会。

今天的社会，人才济济，竞争异常激烈，机会不会无缘无故跑到你面前来。想要得到别人的赏识和认同，吸引别人的注意力，就要懂得推销和表现自己。你有才华，就不要孤芳自赏。要让领导知道，你能够做到，让领导赏识你，这样你才会有机会发挥自己的才能。在公司召开的会议上积极踊跃地发言，提出自己独特、鲜明的观点；踏踏实实地工作，把工作做漂亮，然后让大家分享你做好工作的快乐。如果只是默默无闻地工作，虽然做得很好但也很可能不被领导发现，不被同事认可。

酒香也怕巷子深。在当今这个时代，把事情做好还不算，还要把做好的事情让别人知道。如果别人不知道你做了什么，那么即使你做得再好，也是徒劳。

沿着别人的路少摔跤

俗话说：“一根筷子容易折，一把筷子不易断。”一个人的知识经验是不够全面的，只有通过学习，借助更多的力量才能让自己在职场上游刃有余。“拿来主义”是学习的一条捷径。工作中遇到新事物或新的困难时，不妨先看看别人是怎么做的，这可能少走很多弯路，比自己闭门造车效果要好得多。

伟大的科学家牛顿曾经在给朋友的一封信中写道：“如果我比别人看得远些，那是因为我站在巨人们的肩上。”牛顿正是因为借鉴了很多前人的经验，才能够在自然科学的领域里取得伟大的成功，成为一代科学巨匠。

他山之石，可以攻玉。借鉴别人的经验，我们可以省却更多的时间，可以更快地接近成功，在事业上取得更大的进步。前人为我们创造了灿若星河的奇迹，留下了优良的传统文化，囊括了诸多美好的德行，无论对我们的工作还是生活都是一笔宝贵的财富。

要取得成功也没有想象中那么复杂，只要我们善于借鉴别人的经验，总结别人的教训，结合自身的实际情况，在实践中检验。这样，我们就能够取得成功。

拨开巨星的光芒，牛顿也只是一个平庸无奇的小孩子。但是由于他善于借鉴前人的经验，站在巨人的肩膀上，因此才取得了辉煌的成功，创造了不凡的业绩。

俗话说：活到到学到老。学习是一个漫长的过程，也是取得成功的必备素质之一。学习就是要学会和掌握前人创造的经验和知识。

“前事不忘，后事之师”。所谓“前事”就是我们要学习的对象和内容。如果把“前事”的创造者誉为“巨人”的话，那我们就都是站在巨人的肩上。当然，“前事”不仅仅有成功的，也有失败的。但是成败各有得失，本来就在一线之间。我们不仅仅要学习古人为人处世的正确的道理，还要认真领会他们的经验教训。

换个角度考虑，“站在巨人肩上”，于我们来说也是对起点的选择。当然每个人现实的起点并不一致，但是我们一定要具有长远的目光，要选择高起点，因为站在巨人肩上，我们会看得更远，走得更远。

人的生命是有限的，如果你只靠自己去摸索和积累，那么成功得等到什么时候呢？每一个方面都有出类拔萃的人，我们只要善于借鉴别人的经验，成功的系数就会大大地提高。

造纸术的改进者蔡伦家喻户晓，然而造纸术到底是谁发明的已经无证可考了。蔡伦就是因为借鉴了前人的经验，借鉴前人在造纸方面创造的成就，成就了一番事业，从而名垂青史。

成功其实就这么简单，只要有信心，勇敢地面对生活中的困难和挫折，借鉴前人的经验，总结前人的教训，成功就在不远处等着你。

无论是牛顿还是蔡伦，他们的成功都是善于借鉴前人的经验，站在巨人的肩膀上，明白了这一点，那么成功也就离你不远了。

第八章

挫折逆境，人生攀登必经阶梯

沙砾进入蚌体，蚌觉得不舒服又无法把沙砾排出。蚌不怨天尤人，逐步用体内营养把沙砾包围起来，后来这沙砾就变成了美丽的珍珠。吸血蝙蝠叮在野马脚上吸血，野马觉得很不舒服，又无法把它赶走，于是暴跳狂奔，不少野马被活活折磨而死。停止烦躁，学会适应逆境。因为逆境是成功的阶梯。

成功需要脚踏实地

生活中，很多人做事情常常好高骛远，给自己订立一个不切实际的目标，或者做事情不专注，东一榔头西一棒槌，从来不肯脚踏实地，一步一个脚印，因而常常遭到失败。世界上任何一种成功都不是一蹴而就的，它需要我们把握自己，珍惜当下，脚踏实地。特别是对于刚刚毕业、涉世不深的大学生来说，不管上司安排你做的工作多么不重要，都应该看成“自己向前跨一步”的好机会。

曾经风靡国际商界的惠普公司的前董事长卡利·奥菲莉娜就做得很好。

奥菲莉娜毕业于美国赫赫有名的斯坦福大学。在那里毕业的大学生个个都傲气十足，眼里看得上的就只有主管或者白领、金领等职务。然而奥菲莉娜找到的第一份工作却是到一家房地产投资经纪公司做接线生。

接线生的工作就是简单枯燥地接电话、打字、复印等等，这似乎不应该是一个斯坦福大学生应该做的，可是，奥菲莉娜却并不这么认为，相反，她做得很认真。她认为，不管做什么工作，都能让自己学到不少东西，学到工作需要的知识与技能，关键是看自己用什么态度去对待。

正是在这些最基层的，看似简单的工作中，奥菲莉娜得到了锻炼，积累了丰富的文秘经验。后来，奥菲莉娜在得到撰写文稿的机会时，一下脱颖而出。对此，奥菲莉娜认为，正是自己的接线生工作帮助她得到了一次彻底改变自己的机会。

由此可见，不论做什么事情，只要你脚踏实地就会取得成功。虽然不是每一份简单的工作都能给你锻炼的机会，你都能从中拔地而起。但是如果一开始就不想从基层做起，那么很有可能会和本来可以属于我们的机会擦肩而过。因此，要想成功，就要珍惜眼前所拥有的，就要脚踏实地地工作。不管你现在处在何种位置，或是将来会处在何种位置，只有立足本职工作，才能体现出自己的价值。否则，就会连眼前的东西都把握不住，失去成功的最基本的前提条件。

秦丽丽大学毕业之后被分配到一个大型工厂办公室工作，虽然有许多文件报告之类的文稿需要她起草校对，办公室主任也曾经善意地提醒过她，有才华还需要练好基本功，建议她从最基本的标点、字词开始。但是她并不安于现状，认为这些都是鸡毛蒜皮的小事，根本不值得重视，她一心想寻找更好的发展机遇。于是，当一家新创办的报纸招聘记者的时候，她就偷偷地跑去报名了，也顺利地应聘上了。可是在工作以后，老编辑在校对文稿时发现秦丽丽的文章中总有一些错别字和语法不通顺的地方，就不断向社长反映这个问题。可是，秦丽丽还是不以为然，认为这纯属小题大做，还是我行我素，忙着往那些最显眼的单位跑，争取出最抢眼的新闻。当然，结果她被社长辞退了。

此时此刻的秦丽丽悔不当初，如果自己当初在厂办公室的时候听从了办公室主任的建议，把自己的基本文字功夫扎扎实实学到家，那么，今天这种结局就不会出现了。

做事情脚踏实地不仅对自己工作经验的积累有很大的好处，也是为人处世的好方法，获取别人信赖的资本。没有谁会喜欢一个满口夸夸其谈的人。浮躁的人常常流于形式主义，凡事只求一知半解，不会去深入地了解事物的真相，因此也容易误导别人。而脚踏实地的人处处给人一种稳重可靠的感觉。正因为人们相信他们，从而也会把一些责任托付给他们，他们自己也可以从中得到历练。那些之所以能在平凡的工作岗位上做出不平凡业绩的人们都是因为他们脚踏实地的朴实作风给人以良好的印象，因此领导才会对他们委以重任。他们自己在其他方面的才华也才能得以逐渐显露出来。

不论是做人还是做事，都需要脚踏实地，一步一个脚印，不浮华、不吹嘘。只有脚踏实地、一步一个脚印，从小处着手，有量的积累才会有质的飞跃。否则，如果浮躁狂妄、投机取巧，不做艰难而漫长的原始积累，理想永远也不会实现。

目标是一盏心中的明灯

做任何事情都要有一个目标、一个远景！没有目标的人就好比无头苍蝇，今天东一榔头，明天西一棒槌，到头来落得一事无成！首先你要给自己确定一个人生目标，根据你的目标制定你的职业规划。然后你就要按照这个规划给自己制订实施计划。

美国前任副总统阿尔·戈尔和他的妻子迪帕在他们的两个孩子还小的时候决定养一只小狗，后来他们请朋友帮忙训练这只小狗。当朋友问他们："小狗的目标是什么?"他们面面相觑，嘟囔着说："一只小狗还有什么目标，当然是当一条狗了。"女训练师严肃地摇了摇头，说："每只小狗都得有一个目标。"夫妇商量后，为小狗确立了一个目标：白天和孩子们一道玩，夜里看家。后来，小狗被成功地训练成了孩子的好朋友和家里的守护神。由此他们也牢记这句话——做一只小狗要有目标，更何况是做一个人。

人生中起导航作用的是目标。当你迷失在人生这个大舞台的时候是目标指引着你前行。成功的道路是由目标铺成的，有目标，内心的力量才能找到方向，才有可能集中精力达到你人生的高度。

目标的光明照得有多远，一般来说人生路就能走得多远。那种浑浑噩噩不思上进的人，生活中必然是一塌糊涂。那种志向高远奋发图强的人，才会成就光辉人生。英雄名人并非是遥不可及的，人家也是从平凡起步，一步一个脚印走过来的，"帝王将相宁有种乎。"就是一个千古以来验之有效的人生真理。每个人，特别是年轻人，都要尽可能张开理想的风帆，乘风破浪，在人生道路上奋勇向前。但是每个人有着不同的资质、不同的生存环境、不同的人生机遇，现实情况是成为名人伟人只是人群中的极少数，绝大多数人都还是平民百姓。这正应了一句俗话："人人都有帝王相，人稠地窄轮不上。"对普通老百姓来讲，整日做英雄名人梦，是不切实际的，甚至是有害的。但是，我们不做造飞机、造轮船，办实业成大款的白日梦，并不等于我们不要理想，没有理想。理想并非只是虚幻的目标，而是由一个个具体路标组成的，是可以随时修正或者重新树立的。

有目标，明确方向，方向对了，就不怕路远。在 1984 年东京国际马拉松邀请赛和 1986 年米兰国际马拉松邀请赛上，名不见经传的矮个子日本选手山田本一出人意料地两度摘冠，从而引起人们的极大关注。面对蜂拥而至的各种议论、猜测，山田本一听之任之，不做任何解释。直到 10 年后，他才在自传中揭开谜底："每次比赛之前，我都先乘车把比赛线路仔细地看一遍，并把沿途醒目的标志画下来，比如第一个标志是银行，第二个标志是一棵大树，第三个标志是一座红房子……这样一直画到赛程的终点。比赛开始后，我就以百米冲刺的速度奋力向第一个目标冲去，等到达第一个目标后，我又以同样的速度向第二个目标冲去，40 多千米的路程，就被我分解成这么几个小目标轻松地跑完了。"

明确目标，并为实现目标寻找无限的动力，专注实现自己的目标，并且这个目标要契合实际，不要空想，而是要有坚定的信念去实现这个目标，为了目标从细微处入手，踏踏实实地、脚踏实地地一步步去实现它，而不是高谈阔论，满腔热血，一脑袋空想！

目标是茫茫戈壁的一片绿洲；是远行者手中的罗盘；是黑夜里若隐若现的明灯；是冰天雪地里令你怦然心动的温暖与勇气；是最远又最近的一个梦。他时刻追随着你，同你分享欢乐，共担忧愁。正因为有了目标，生活才有了意义。

成功需要磨炼

宝剑锋从磨砺出，梅花香自苦寒来，生活处处充满了磨炼，只有经过风雨的洗礼，我们的人生才会迎来绚烂的彩虹。

一个人在高山之巅的鹰巢里，抓到了一只幼鹰，他把幼鹰带回家，养在鸡笼里。这只幼鹰和鸡一起啄食、嬉闹和休息。它以为自己是一只鸡。这只鹰渐渐长大，羽翼丰满了，主人想把它训练成猎鹰，可是由于终日和鸡混在一起，它已经变得和鸡完全一样，根本没有飞的愿望了。主人试了各种办法，都毫无效果，最后把它带到山顶上，一把将它扔了出去。这只鹰像块石头似的，直掉下去，慌乱之中它拼命地扑打翅膀，就这样，它终于飞了起来！

磨炼是人生的一大笔宝贵财富。脑筋越磨炼越灵活；心灵越磨炼越透彻；四肢越磨炼越发达；意志越磨炼越坚毅。唯有经历磨炼的青春才会更加光彩照人，唯有经历磨炼的人生才能过得充实。

磨炼自己，就是在磨炼中造就自己，在磨炼中重塑自我，使自己的人生价值得到最大的体现。如果说人生是一部戏，那么，磨炼就是这部戏的灵魂所在。对于一些禁不起考验的人来说，缺少生活的磨炼，遇到挫折的时候只会束手无策，挫败不堪；相反，对一个经常磨炼自己，意志坚强的人来说，无论再大的困难，他也一定会战胜，也一定会从逆境中站起来，闯出去。

生活如笔尖，人如笔，磨炼如刀，不经历刀削之苦，哪来锋利之笔头？生活如熔炉，人如钢铁，磨炼如熔浆，不经历熔浆的改造，哪来钢铁之坚硬？生活如染缸，人如丝帛，磨炼如染料，不经历染料之浸染，哪来丝帛之鲜艳？

浮生若茶。温水沏茶，茶叶轻浮水上，怎会散发清香？沸水沏茶，反复几次，茶叶沉沉浮浮，最终释放出四季的风韵：既有春的幽静、夏的炽热，又有秋的丰盈、冬的清冽。世间芸芸众生，何尝不是沉浮的茶叶？那些不经风雨的人，就像温水沏的茶叶，只在生活表面漂浮，根本浸泡不出生命的芳香；而那些栉风沐雨的人，如被沸水冲沏的酽茶，在沧桑岁月里几度沉浮，才有那沁人的清香。浮生若茶，我们只是一撮生命的清茶，命运就是那一壶温水或炽热的沸水，茶叶因为沉浮才释放了本身的清香，而生命也只有遭遇一次次挫折和坎坷，才能激发出人生那一缕缕幽香！

奥斯特洛夫斯基曾经说过：钢是在烈火和急剧冷却里锻炼出来的，所以才能坚硬无比，才能什么也不怕。我们这一代也是这样在斗争中和可怕的考验中锻炼出来的，不在生活面前屈服。

越王勾践经过卧薪尝胆的磨炼，才有了回国复仇的结局；司马迁受宫刑，经过长达10年的心灵磨炼，有了“史家之绝唱，无韵之离骚”的《史记》；华佗尝药，经历身心的磨炼，才有了沿用到明朝的“麻沸散”；李时珍著书，经过精神的磨炼，才有了沿用至今的《本草纲目》；归有光经过八次落地的磨炼，才有《项脊轩志》这样的隽永文章；威灵顿公爵有了滑铁卢战役初期被迫坚守的磨炼，才有了滑铁卢之战的胜利。

泰戈尔曾说：只有经历地狱般地磨炼，才能练就创造天堂的力量；只有带血的手指，才能弹出世间的绝唱。

人生的磨炼是一笔财富，是打开成功之门的钥匙，只要我们敢于正视它、战胜它，我们就一定能取得最后的成功。

成功者自救

有个人在屋檐下躲雨，看见观音正撑伞走过。这人说：“观音菩萨，普度一下众生吧，带我一段如何？”观音说：“我在雨里，你在檐下，而檐下无雨，你不需要我度。”这人立刻跳出檐下，站在雨中说：“现在我也在雨中了，该度我了吧？”观音说：“你在雨中，我也在雨中，我不被淋，因为有伞；你被雨淋，因为无伞。所以，不是我度自己，而是伞度我。你要想度，不必找我，请自找伞去！”说完便走了。

第二天，这人遇到了难事，便去寺庙里求观音。走进庙里，发现观音的像前也有一个人在拜，那个人长得和观音一模一样，丝毫不差。这人问：“你是观音吗？”那人答道：“我正是观音。”这人疑惑地问：“那你为何还拜自己？”观音笑道：“我也遇到了难事，但我知道，求人不如求己。”

在困难与挫折面前，我们不能一味地去求别人的帮助或依赖他人的援助，而要以积极的态度去应对，既要树立战胜困难的信心和勇气，又要运用智慧寻找战胜困难的良策，以主动的姿态、得力的措施、有效的方法去攻坚克难，转危为安，走向成功。

大仲马得知自己的儿子小仲马寄出的稿子接连碰壁，便对小仲马说：“如果你能在寄稿时，随稿给编辑先生们附上一封短信，或者只是一句话，说‘我是大仲马的儿子’，或许情况就会好多了。”

小仲马倔强地说：“不，我不想坐在你的肩头上摘苹果，那样摘来的苹果没味道。”年轻的小仲马不但拒绝以父亲的盛名做自己事业的敲门砖，而且不露声色地给自己取了十几个其他姓氏的笔名，以避免那些编辑先生们把他和大名鼎鼎的父亲联系起来。

面对那些冷酷无情的一张张退稿笺，小仲马没有沮丧，仍在屡败屡战地坚持创作自己的作品。

他的长篇小说《茶花女》寄出后，终于以其绝妙的构思和精彩的文笔震撼了一位资深编辑。这位编辑曾和大仲马有着多年的书信来往。他看到寄稿人的地址同大仲马的地址丝毫不差，怀疑是大仲马另取的笔名，但作品的风格却和大仲马作品的风格的迥然不同。这位编辑带着兴奋和疑问，迫不及待地乘车造访大仲马。

令他大吃一惊的是，《茶花女》这部伟大的作品，作者竟是名不见经传的大仲马的儿子小仲马。

“您为何不在稿子上署上您的真实姓名呢？”这位编辑疑惑地问小仲马。

小仲马说：“我只想拥有真实的高度。”

这位编辑对小仲马的做法赞叹不已。

《茶花女》出版后，法国文坛的评论家一致认为，这部作品的价值远远超过了大仲马的代表作《基督山恩仇记》。小仲马靠自己的力量攀登到文坛的高峰。

人人都是自己命运的设计师，最可依靠的不是任何人的权力和威望，而是自己的力量。

小蜗牛问妈妈：为什么我们从生下来，就要背负这个又硬又重的壳呢？

妈妈：因为我们的身体没有骨骼的支撑，只能爬，又爬不快。所以要这个壳的保护！

小蜗牛：毛虫姊姊没有骨头，也爬不快，为什么她却不用背这个又硬又重的壳呢？

妈妈：因为毛虫姊姊能变成蝴蝶，天空会保护她啊！

小蜗牛：可是蚯蚓弟弟也没骨头爬不快，也不会变成蝴蝶，他什么不背这个又硬又重的壳呢？

妈妈：因为蚯蚓弟弟会钻土，大地会保护他啊！

小蜗牛哭了起来：我们好可怜，天空不保护，大地也不保护。

蜗牛妈妈安慰他："所以我们有壳啊！我们不靠天，也不靠地，我们靠自己。"

人只有懂得自救，才能摆脱困境，取得成功。

禁得起诱惑

诱惑是那个鲜红美丽，令人垂涎三尺的苹果，可你吃下去，就是毒发身亡的悲惨结果；诱惑是那罐芬芳扑鼻、香气浓厚的蜂蜜，可你触到它，就会把你粘住，置入寸步难行的境地；诱惑是那双小巧玲珑、令人爱不释手的红舞鞋，可你穿上它，就会一直跳舞，落个一刻不停直至累死的疯狂结局。人活在世上，要禁得起各种各样的诱惑。

这是一个机会泛滥、诱惑无限的时代，一个追求幸福的人面对“乱花渐欲迷人眼”的社会现实，必须耐得住寂寞，禁得起诱惑，始终守住自己的操守，始终守住自己的底线，不能丧失了原则和立场，更不能让欲望无限制地膨胀。

人生是一场无休、无歇、无情的战斗，要想获得幸福，就得时时刻刻向无形的敌人作战。本能中那些致人死命的力量、乱人心意的欲望、使你堕落甚至自行毁灭的念头，都是这一类的顽敌。七情六欲不可避免，所以我们难免不被嗔、痴、贪等思想所冲击和诱惑，重要的是我们内心是否一直坚守自己的信仰，并在戒中生定，在定中生慧。

一个人要耐得住寂寞，禁得起诱惑，还要承受住压力，说到底，都需要内心有一股定力。

用定力抵制诱惑，让自己有暇思索人生、规划人生，让自己获得一份心灵的宁静！

某大公司准备以高薪雇用一名小车司机，经过层层筛选和考试之后，只剩下三名技术最优良的竞争者。主考者问他们：“悬崖边有块金子，你们开着车去拿，觉得能距离悬崖多近而又不致掉落呢？”

“两米。”第一位说。“半米。”第二位很有把握地说。“我会尽量远离悬崖，越远越好。”第三位说。结果这家公司录取了第三位。

人生重要的不是所站的位置，而是所朝的方向。走出低谷的第一步，就是不要越陷越深。人要学会时时保持警惕，确保不被美丽的幻想诱惑而丧生礁石。一个人的一生，最大的苦难不是挫折，而是诱惑，它们无时无刻不在挑逗你身上的欲望，只有忍住欲望，才是能坚持的人，也是能够成功的人。

冬天到了，一群野鸭正在天空向南飞去，它们编成了一支漂亮的“V”字形队伍，地面上的人们望见了，对它们钦慕不已。

在这支队伍中有一只名字叫作“沃莱”的野鸭子。有一天，它在高空向下望，地面上一个类似斑点一样的东西吸引了它的注意。这其实是一个养鸭场，那儿有一群被驯养的鸭子。它们啄着玉米，摇摇摆摆地在场地里走来走去。

沃莱见状，欣喜万分。它自言自语道：“成天一直这样飞翔是多么累啊！我何不暂时去那儿溜达溜达，吃一些玉米，这简直太棒了！”沃莱考虑了片刻，就离开这支野鸭的编队，向左一个俯冲径直朝那个养鸭场飞去。

他在那群被驯养的鸭子中间落地，开始也和它们一样摇摇摆摆地走来走去，欢快地嘎嘎叫着，当然也毫不客气地吃起玉米来了。与此同时，天上的那群野鸭仍编着队一刻也不停留地继续它们向南迁飞的旅程。沃莱看在眼里，但是它不在乎。它暗想：当它们几个月后飞回来的时候它再加入编队中也不会为时太晚。

几个月的时间转瞬而过。当那群野鸭编队北归，飞过养鸭场上空的时候，沃莱望见了它们，它们飞得多么逍遥自在啊。沃莱开始对在养鸭场的生活感到厌倦了，因为在这儿无论它摆来摆去走到哪里，到处都是泥浆，再则就是那些鸭子了。

“是到了该归队的时候了。”沃莱对自己说道。于是它使劲地拍打着翅膀想重新振翅高飞，但是沃莱曾经吃的所有玉米已经使它的体重增加了不少，而且它已很久没有锻炼过翅膀了。所以，它刚刚起飞就跌回到地面。因为飞得太低，它重重地跌在养鸭场的一侧。它叹息道："唉，看来我只有再等几个月了，等到它们下一次往南迁飞的时候我再加入它们也不算太迟，到那时，我是可以再度成为一只野鸭的。"

冬去春来，时光飞逝。当那支野鸭队伍又一次飞过头顶的时候，沃莱试图从养鸭场上再次振翅腾飞起来，但是，为时已晚，它实在力不从心。以后每个冬天和春天，它都望见那群它从前的野鸭朋友们飞过头顶，并且它们似乎总在对它大声呼喊，但是沃莱所有想飞离地面的努力都成为徒劳。最后，当那群野鸭飞过头顶的时候，沃莱不再刻意去注意它们了，有时甚至浑然不觉。事实上，它已变成一只地地道道的养鸭场上的鸭子了。

在我们整个的生命旅程中，一路上会遇到各种诱惑，如果我们忍不住只是想贪恋一粒玉米，那么，我们就会失去整个天空。

给自己挖一口井

从前有两个和尚，他们分别住在相邻的两座山上的庙里。这两座山之间有一条溪，于是这两个和尚每天都会在同一时间下山去溪边挑水，久而久之他们变成了好朋友。时间在每天挑水中不知不觉已经过了五年。突然有一天左边这座山的和尚没有下山挑水，右边那座山的和尚心想："他大概睡过头了。"便不以为意。哪知道第二天左边这座山的和尚还是没有下山挑水，第三天也一样。过了一个星期还是一样，直到过了一个月，右边那座山的和尚终于受不了。他心想："我的朋友可能生病了，我要过去拜访他，看看能帮上什么忙。"于是他便爬上了左边这座山，去探望他的老朋友。等他到了左边这座山的庙里，看到他的老友之后大吃一惊，因为他的老友正在庙前打太极拳，一点也不像一个月没喝水的人。他很好奇地问："你已经一个月没有下山挑水了，难道你可以不用喝水吗？"左边这座山的和尚说："来来来，我带你去看。"于是他带着右边那座山的和尚走到庙的后院，指着一口井说："这五年来，我每天做完功课后都会抽空挖这口井，即使有时很忙，能挖多少就算多少。如今终于让我挖出井水，我就不用再下山挑水，我可以有更多时间练我喜欢的太极拳。"

当你想成功的时候，全世界都会为你让路！我们在工作领域里，工作挣薪水就像是挑水；而我们常常会忘记把握下班后的时间，挖一口属于自己的井，培养自己另一方面的实力，给自己多铺一条路。这样在未来当我们年纪大了，即使体力拼不过年轻人时，我们依然还会有水喝，而且还能喝得很悠闲，且源源不断。

有两个学人力资源的同学小江和小代。坐着相邻的课桌，每天都差不多做着相同的事情。久而久之，他们便成为非常好的朋友。

弹指一挥间，不知不觉，时间在学习中，一晃就是三个春秋。

毕业了，忽然有一天，小江听说小代在某知名的公司做 HR 工作，面对自己找工作到处碰壁的情况，小代的情况让小江百思不得其解。他心想，小代应该是因为家里有人、有地位、有关系的原因吧，要不然他怎么能这么快就找到那么好的工作呢？于是就想亲自去问问小代。

推开小代的门的时候，小江看到小代正在一个网站上编辑着什么。他好奇地看了看，原来小代在中人网上回复网友的帖子。小代指着计算机上的网站说："这三年来，我每天做完学校的功课后，都会抽空到中人网上看看学习。虽然我们现在学的这个专业，但是现在的社会竞争这么激烈，特别是我们刚刚从学校走出来的年轻学生，只有不断地充实自己，才能在社会上站住脚。我从这里学到很多有用的知识，所以，即使我有时很忙，但也没有间断过我的学习计划，如今，终于可以很快找到自己心中理想的企业，做自己喜欢做的工作了。"

现在这个社会竞争异常的激烈，知识也是多元化的，很多东西都是相通的，不妨多学习，多给自己铺一条路，那么，逆境就不攻自破了。

找借口不如想办法

在工作中，如果我们遇到了难题，应该坚持的原则是：找方法而不是找借口。

一家针织刺绣厂效益相当好，想要进这家工厂的人很多，厂方给前来应聘者设置了不低的“门槛”，特别是招聘时，经常出一些怪题“难为”大家。即使这样，还是有很多人想来这里碰碰运气。

有一年，厂方给应聘者出的题目是：“36 小时内折叠 1800 只爱心千纸鹤”。大部分应聘者都知道和见过千纸鹤，有的还亲自动手折过。她们想，这是细活，厂方可能在考验应聘者的耐心和动手能力，因为纺织行业需要这种精神和能力。回去后，女孩子们发现，这几乎是不可能完成的任务。因为，即使不吃饭不睡觉，也很难在如此短的时间内折叠完 1800 只千纸鹤。或许，厂方是在比较谁的手更灵巧麻利、谁折叠得多、谁的质量更好。这样一想，很多应聘者的心态放松下来。

36 小时后，应聘者带着各自的作品接受检验。结果是：少部分人放弃了，极少部分人完成了任务，绝大多数人只完成了 500 ~ 1000 只。厂方对应聘者进行了面试和询问。有人说：家里出了意外，很难在短时间内安心完成任务。也有人说：这是根本无法完成的工作，任何人都无法做到，除非她又长出第三只手，我已经尽力了。还有人说：我认认真真地叠好每一只纸鹤，做到精益求精就够了，别的也没有多想。而完成任务的应聘者做法竟然惊人的相似：她们都找了家人或朋友帮忙。

结果按时完成任务的人顺利地被录用了，其余的应聘者全部被淘汰。厂方的解释是：

首先考察的是应聘者的执行力，不能按时完成任务的绝不是合格的员工；其次考察的是应聘者的应变能力，之所以不在现场动手干活，就是想让她们回去动脑子想办法；最后更为重要的是绝对不会招收爱找借口的员工。在有限的执行时间内，执行者没有时间为做不好的事情找借口，没有时间文过饰非，任何执行者都应该抓紧时间去完成任务，“不可能”或“没有办法”常常是庸人和懒惰的托词。

每个人都肩负着责任，对工作、对家庭、对亲人、对朋友，我们都有一定的责任，正因为存在这样或那样的责任，才能对自己的行为有所约束。寻找借口就是将应该承担的责任转嫁给别人。从企业来说，每一名员工都是企业的一枚棋子，从你跨进公司的那一刻起，你就具备了这种角色。这种角色就是承担相应的责任，如果你在这个岗位上的职责没有履行好，那么你这个角色就是失败的。

遇到困难，仅仅抱怨和找借口是不够的。执行者应该善于改变和调整自己，积极适应外部的变化。面对难以逾越的困难时，执行者更应该想方设法突破问题的缺口，一番努力之后将会柳暗花明。

凡是找借口而从来不采取行动的人，一定是一个失败的人；而凡是找方法并能付诸行动的人，一定是一个成功的人，因为他所遭遇的失败只是暂时的。

当今社会的一些年轻人，当他们需要付出劳动时，总会找出很多的借口来安慰自己，总想让自己轻松些、舒服些。这些人总是会说：总有一天我会进入世界一流大学，那时我会好好学习最先进的文化；总有一天我会成为一名出色的工程师，那时，我将开始按照自己的方式生活；总有一天，我会住进豪华的别墅，同可爱的孩子们住在一起，我们全家人一起进行令人兴奋的全球旅行……总是在等待，总是在找借口，却从来不付诸行动。到最后，所有的想法都成了空想。

在日常工作中，你千万不要说任何类似借口的话语。当你想找借口的时候，就已经偏离了自己的成功之路，拐到弯路上去了。

人生没有承受不了的事

生活中，我们完全没有必要为即将到来或者正发生在自己身上的不幸而担心。其实，大多数时候，只是因为我们在心里扩大了这些困难的程度，而实际上，这些困难并不是你想象的那么可怕。只要你有足够的勇气，你就能够微笑着面对，把困难踩在脚下。

张明在一家建筑公司上班。有一次，一根钢管掉下来，砸在他的眼睛上，导致他的左眼被击伤，虽然经过及时的抢救，但遗憾的是，最后左眼还是没能保住，医生摘除了他的左眼球。张明原本是一个特别乐观的人，然而现在，他常常一个人关在屋里，沉默寡言。他极少走出家门，他总觉得，自己一走出去，所有人都在注意自己那双残目。

他的休假一次次延长，妻子安心雅担负起了家庭的所有开支，不仅如此，她还去找了一份兼职。她很在乎这个家，她爱着自己的丈夫，想让全家过得和以前一样。安心雅认为丈夫心中的阴影总会消除的，所有的困难都只是暂时的。

然而现实情况却似乎并不那么乐观，张明的另一只眼睛的视力也受到了影响。在一个阳光灿烂的早晨，张明问妻子谁在院子里踢球时，安心雅震惊地看着老公和正在踢球的儿子。在以前，儿子即使到更远的地方，他也能看到。安心雅什么也没有说，只是走近丈夫，轻轻地抱住他的头。

张明说："亲爱的，我知道以后会发生什么，我已经意识到了。"

安心雅的泪就流下来了。

其实，安心雅早就知道了这种后果，只是她怕丈夫受不了打击而要求医生不要告诉他。

当张明知道自己即将失明的消息之后，反而镇静多了，他的态度连安心雅自己也感到奇怪。

安心雅知道老公能见到光明的日子已经不多了，她想为丈夫留下点什么。她每天把自己和儿子打扮得漂漂亮亮，还经常去美容院。在老公面前，无论她心里有多少悲伤，她也从来不会表现出来，总是面带微笑。

几个月后，张明说："老婆，我发现你新买的裙子看起来怎么那么旧呢?"

安心雅微笑着反问："是吗?这就是这种颜色呢。"

说完之后，她跑到一个丈夫看不到的角落，失声痛哭。她那件裙子的颜色在太阳底下绚丽夺目。她想，还能为丈夫留下什么呢?

第二天，家里来了一个油漆匠，安心雅想把家具和墙壁粉刷一遍，让张明的心中永远有一个新家。

油漆匠工作很认真，一边干活还一边吹着口哨。干了一个星期，终于把所有的家具和墙壁刷好了，他也知道了张明的情况。

油漆匠对张明说："对不起，我干得很慢。"张明说："你天天那么开心，我也为此感到高兴。"

算工钱的时候，油漆匠少算了100元。

安心雅和张明说："你少算了工钱。"

油漆匠说："我已经多拿了，一个等待失明的人还那么平静，从你这里，我知道了什么是活着的勇气。"

但张明却坚持要多给油漆匠100元，张明说："我也知道了原来残疾人也可以自食其力，并生活得很快乐。"

原来，油漆匠只有一只手。

哀莫大于心死，只要我们有一颗乐观的、积极向上的、充满希望的心，那么，即使身体有残缺，又有什么关系呢?不管任何时候，只要我们拥有生活的勇气，那么我们的人生就会变得丰富多彩。

世界上没有任何事物能够压制住人的心灵。只要对自己充满信心，对生活满怀希望，对未来充满勇气，那么，就没有承受不了的苦难，没有跨越不了的沟坎。

生活不是一帆风顺的，有坦途，也有坎坷；有成功，也有失败；有欢乐，也有悲伤。我们只有调整好自己的心态，坦然地面对一切，才能活得更加潇洒。俗话说，人生不如意事十之八九，不可能像自己想的那样美好，总会遇到这样或那样的困难。在困难来临的时候，我们要乐观坚强地面对，困难就一定会过去的。

没有谁会永远幸运，也没有谁会永远不幸，在不可猜测的未来，我们人人平等，无论是乞丐还是王子。

阳光不会永远灿烂，没有一成不变的幸福，磨难或许是上苍赐予我们的礼物，用来考验我们的意志。我们必须坦然地去承受困苦，学习在各种艰难环境中生存的本领。否则，我们就不仅不可能有自己强劲的翅膀，甚至可能在一旦失去护翼时就夭折。

笑对逆境和挫折

人人都会面临挫折。可以说挫折是我们生活的组成部分。挫折既然难以避免，那么我们就应当学会坦然地接受它，而不应对之无端的恐惧或害怕。因为挫折不会永存，每次挫折都会过去。月有阴晴圆缺，人有旦夕祸福。没有谁的人生是一帆风顺的，任何人都会遭逢厄运。可是挫折总会因时间的推移而获得解决。

法国伟大的画家皮乐·奥古斯特·雷诺阿老年时得了关节炎。他的朋友亨利·马蒂斯去看望他，悲哀地注视着雷诺阿用指尖握着苏联笔作画，每画一笔都引起一阵疼痛。

有一天，马蒂斯就问雷诺阿：“为什么这么痛苦还要坚持画下去?”

雷诺阿回答道：“痛苦会过去，但是美丽永存。”

人生几十年，总会遇到这样那样的挫折、逆境。从一生下来就顺风顺水几十年的人，就如天外来客般稀罕。遇到些挫折、逆境是正常的，也无须怨天尤人，只要懂得面对就行了。那些成功的人，也并非一帆风顺，也在逆境中挣扎过。过来人大多都不顺利，因为他们勇于面对逆境，懂得面对逆境，他们才坚持到了最后，看见了希望的曙光。

当挫折来临的时候，我们不能心存恐惧。要坚信所有的困难都是暂时的，总有一天会过去。不要轻言放弃，否则，你就会被挫折所击倒。

人碰到不如意的事就容易意志消沉，最后变得消极颓废，遇到挫折就变得畏畏缩缩，忐忑不安。像这样消极退缩的人生态度，会使行动的力量明显的减退。成功者是不会出现诸如此类的情况的，他们遇到再大的失败和挫折，也不会轻易被击垮，即便是失败了，他也能从失败的地方重新站起来，并保持着乐观的态度继续前进。

乐观的品质可谓是人类最为宝贵的东西。如果失去了乐观，我们无法想象这个世界会变成什么样子。你怎么看待这个世界，这个世界就怎么回报你：如果你以乐观的心态去对待一切，你就会体验到越来越多的幸福；如果你以悲观的心态去对待你周围的一切人和事，迎接你的只会是失望。

生活中有积极的人也有消极的人。积极的人常常乐观向上、朝气蓬勃；消极的人则畏畏缩缩、灰心丧气。而每一个取得成功的人，莫不是积极向上、朝气蓬勃、充满斗志的人。也只有具有这种乐观品质的人才能取得最后的成功。因为乐观是引导和鼓励他们朝着既定目标前进的助推器。

拥有乐观品质的人，会主动发现和创造机会。而一个悲观的人，就只能消极地等待机会的降临。因此，不管生活有多么的不顺心，你都应该笑着面对，让自己从不幸中振作起来。当你背向黑暗，面对光明的时候，阴影自然就会留在你身后了。要想取得成功，我们就得对自己充满信心，给自己鼓劲，告诉自己，什么困难都是能挺过去的。

生活中的很多人遇到不幸或者困境的时候，往往听任颓废、怀疑、恐惧、失望等思想主宰自己，将自己多年经营的事业破坏于刹那之间。这就好比向上爬的井蛙，辛辛苦苦地努力，但是一失足就前功尽弃。

乐观是一种在逆境中崛起的动力。有人曾问一位著名的艺术家，师从他习画的那个青年爱徒将来会不会成为一名大画家？他回答："不，永远不！他每年都有不菲的进款。"这位艺术家知道，人的才艺只能从艰苦奋斗中锻炼出来，而在优越的环境中，这种精神很难发达。翻开历史就可以知道，大多数成功的人，早年往往是贫苦的孩子。

生活不总是一帆风顺的，也正因为如此，我们的生活才有滋有味，才缤纷多彩。调节好自己的心态非常重要。不以物喜，不以己悲，宠辱不惊，去留无意，临危不乱，泰然处之，在平淡中给自己一点动力，在昂扬中留给自己一份淡泊，在匆忙中懂得适时地给心灵一次释放，在喧闹中为自己找寻一份宁静。笑对逆境和挫折，成功总有一天会属于你。

第九章

坚持到最后，终将微笑

信守一份执着，就是信守一份希望。情况越是困难，处境越是艰难，越要有自己的主见，越要坚持。相信自己的判断，坚定自己的信念，坚持自己的理想。不论什么时候都不能失去希望，相信只要坚持，就一定能取得成功。

浮躁态度等于彻底退步

生活中，很多人在做事情的时候缺乏定力和耐力，持之以恒更是做不到。在他们的眼里，坚持也未必能够成功。因此，常常很轻易地放弃。麦当劳王国的缔造者克罗克曾经说过一句非常经典的话："世界上没有什么东西能够取代持之以恒。才干不行，有才干的人不能获得成功的事情我们已经司空见惯；天赋不行，没有回报的天赋只能成为笑柄；教育不行，世界上到处都有受过教育却被社会抛弃的人。只有恒心和果敢才是全能的。"

"持之以恒"说起来很容易，但是要真正做到，却不是一件容易的事。即便是一件小事，要做到持之以恒，也需要毅力。

很多人都曾经向苏格拉底请教，要成为一个拥有博大精深的学问和智慧的人该怎么做。苏格拉底告诉他们："做这样的人也很简单，你们先回去每天做 100 个俯卧撑，一个月以后再来这里找我吧。"

人们听了，禁不住哂笑一声：这么简单的事情，谁不会啊？然而一个月过去的时候，重新去找苏格拉底的人却少了 1/2。苏格拉底看了看剩下的一半人说："好，再坚持一个月吧。"结果，又一个月过去之后，回来的人已经不到 1/5 了。

一个简单的俯卧撑，都有人连一个月都无法坚持，更何况是其他更难的事情。要做到持之以恒谈何容易。因此，心态浮躁的人需要有意识地培养自己的定力和耐力，克服自己浮躁的弱点。

很多时候，浮躁也是一种长期养成的习惯，要改掉并不容易，但也不是不可能。只要敢于坚持，善于坚持，持之以恒地努力，那么，奇迹就一定会发生的。

改变浮躁的心态，不妨从自己身边的小事做起，有意识地培养自己的定力和耐力。天长日久你就会发现，坚持能够给你带来意想不到的收获。

李平是一个特别没有耐性的孩子，无论做什么事情都是三分钟的热情。

父亲决定帮助他改变这个性格缺陷。有一天，父亲把李平叫到身边，给了他一块木板和一把小刀，对他说："从现在开始，你每天在这块木板上刻一刀，记住，只准刻一刀。"李平觉得这是一个很好玩的游戏。于是，每天早上起来他的第一件事，就是用小刀在木板上刻一道划痕。

然而，他只坚持了一个星期。第二个星期，李平就觉得不耐烦了，他问父亲："为什么不让我多刻几刀呢？我不明白您让我每天在木板上刻一刀是什么用意。"父亲并没有直接回答他的问题，只是微笑着说："过几天你就知道了。"见父亲不告诉自己答案，且还一脸神秘的表情，李平也无可奈何。于是，他照着父亲的话继续坚持刻下去。

这一天，李平和往常一样用刀在木板上刻了下去。奇迹发生了：木板居然被自己切成了两块。李平觉得惊讶极了，这么厚重的木板竟然被自己薄薄的小刀切断了，这简直不可思议。

这时，父亲走过来对他说："你看，只要你坚持，持之以恒地努力，成功是不是很简单呢？每天坚持一点点，你就会达成自己的梦想。"

经过这个神奇的游戏后，李平相信了持之以恒的力量，在学习中，每当遇到难题，他也会借助这个神奇的力量来帮助自己。结果他发现没有什么是不可征服的。

心态浮躁的人常常缺乏定力，做事情三心二意，不能够善始善终。当困难来临的时候，首先想到的不是怎么解决困难，而是逃避。

其实，要培养自己持之以恒的耐力和定力，不妨从成功人士身上吸取力量。但凡历史上那些成就大事业的人，都有一个共同的特点：那就是坚持。只要理想和目标一日没有实现，他们就一日不放弃努力。我们不妨以他们为榜样，从他们身上吸取力量，有意识地锻炼自己坚强持久的意志力。

都江堰是中国历史上有名的水利工程，它是由李冰父子建造的。当年，李冰父子在建造都江堰的时候遇到了重重阻拦，然而，正是因为他们持之以恒，敢于坚持，才有了今天的天府之国。

当时，李冰曾经提议在岷江的江心修筑一个人工岛屿，因为岛尾像一个梭子，故取名为“飞沙堰”，不但能排洪还能灌溉。然而，老太守对李冰的做法并不理解。而且，那些财主们想到飞沙堰一旦完工，老百姓的灌溉也不成问题了，那他们的粮食只能烂在粮仓里了。于是，他们筹集了一笔银子送给老太守，说是用来治理岷江。在老太守感激的同时，财主们趁机蛊惑，说李冰治理岷江的方案乃是沽名钓誉、劳民伤财。老太守听了怒不可遏，立刻出面阻止李冰的行为。但是，李冰没有退却，继续埋头于工程。

有一年夏天，下了很大的雨，水位迅速上涨。当洪水快要漫过岸边，大家都在惊慌失措的时候，没料想，飞沙堰开始泄洪，水位又降了下来。李冰和儿子见飞沙堰确实起了作用，感到非常欣慰。然而财主们却偷偷派人将飞沙堰挖开决口，顿时洪水蔓延。人们对李冰的成见更深了。

这一下，李冰不但失去了太守的支持，而且还失去了群众的支持和信任，真的是孤军奋战了。然而李冰父子并没有放弃。他们继续完善方案，找到泄洪的关键所在，并下令征集劳力开凿伏龙山。这下，顿时民怨沸腾，财主们更是趁机煽动，百姓聚集在太守府要将李冰赶出蜀地。李冰无奈，只好带着儿子亲自开凿伏龙山，同时也设法找出暗中作梗的人以还自己清白，让百姓理解自己的苦心。

最终，李冰父子的执着感动了百姓。老太守这才醒悟过来。后来，当他亲眼看见李冰父子为开凿伏龙山而身受重伤的时候，终于被二人的行为所感动，于是带领众人一起开凿伏龙山。

伏龙山开凿完工的当年，岷江遭遇了史无前例的大洪水，但是岷江周围的百姓却安然无恙。自此成都平原成了真正的“天府之国”。

风雨后彩虹依旧

生活经历不同，成长环境不同，每个人面对挫折的态度也会有很大的差别。有些人无论遭受什么样的挫折和苦难，仍然能够坚忍不拔，百折不挠，锐意进取；而有些人只要碰到一点点困难，就怨天尤人，垂头丧气，一蹶不振。实践证明，身体强壮、心胸开阔、常处逆境、意识紧张、有理想、有抱负、有修养的人，对挫折的耐受力强；相反，体弱多病、心胸狭窄、娇生惯养、感情脆弱、缺乏雄心壮志的人，对挫折的耐受力则低。对挫折的耐受力虽然与遗传素质有关，但更重要的是来自后天的教育、修养、实践、经验和锻炼。在现实生活中，每个人都可以通过自觉、有意识的锻炼，去培养提高自己对挫折的耐受力。

有个人由于船翻了，只能靠一块木板漂浮在水上，每天抓活鱼吃、喝海水。由于自己坚强的意志，终于在两个月后被海岸巡逻队发现了，救上了岸。这是个平凡人的传奇故事，他能靠自己的意志和面对困难的态度，从而获得了与死亡交战的胜利。与其相反，有些人则对自己没有丝毫的信心，从而使自己事业失败、友情失败……最终使自己遗憾终身。

凡是经历磨难、有修养的人，每逢受到挫折时，大都有一些灵活应变、化险为夷的自助“窍门”。归纳起来，大致有以下几种。

期望法。遇到挫折时，尽量少考虑暂时的得失，多想美好的未来，不断激励自己振作起来，一切都会过去，将来一定会成功。

知足法。在挫折面前，要满足已经达到的目标，对一时难以做到的事情不奢望、不强求，同时多看看周围不如自己境况的人。这样，就容易从烦恼、痛苦中解脱出来，为将来的成功创造良好的心理环境。

补偿法。古人说“失之东隅，收之桑榆”。即在某方面的目标受挫时，不灰心气馁，以另一个可能成功的目标来代替，而不致陷入苦恼、忧伤、悲观、绝望的境地。

升华法。在遭受个人婚恋失败、家庭破裂、财产损失、身患疾病等打击之后，化悲痛为力量，发愤图强，去取得学习、工作和事业的成功，这是应付挫折最积极的态度。

东汉时，耿龠是汉光武帝刘秀手下的一员名将。有一回，刘秀派他去攻打地方豪强张步，战斗非常激烈。后来，耿龠的大腿被一支飞箭射中，他抽出佩剑把箭砍断，又继续战斗。终于大败敌人。汉光武帝表扬了耿龠。并且感慨地对他说：“将军以前在南阳时提出攻打张步、平定山东一带，当初还觉得计划太大，担心难以实现。现在我才知道，有志气的人，事情终归是能成功的。”

我们要坚信，困难和失败都只是暂时的，只要我们能够勇敢地面对，重整旗鼓，勇于拼搏，人生之舟就会战胜惊涛骇浪，驶过激流险滩，到达理想的彼岸。即使是一时的受挫、失败，也终会成为人生之路勇敢的开拓者、事业上的成功者。

失败是成功之母

“失败为成功之母。”一个人只要有向上的决心，必定能在失败中寻获成功的钥匙，如果就此灰心丧气，便永远尝不到成功的果实。

生活中，但凡能够成就一番大事业的人，都是因为他们决不向困难低头，屡败屡战。只有经历过失败的痛苦，才能更深刻地体会成功的喜悦。那些没有遇到过大失败的人，有时反而不知道什么叫大胜利，也不会真正地去享有大胜利。

人的一生，总会与坎坷挫折相伴，不可避免地要遭受这样或那样的失败。只不过有的人经历得少一些，有些人经历得多一些罢了。人生就是在不断地栽跟头，又不断地爬起来的过程中前进的。

清朝的著名将领曾国藩曾多次率领湘军同太平军打仗，然而总是吃败仗，特别是在鄱阳湖口一役中，差点连自己的老命也送掉。他不得不上疏皇帝表示自责之意。在上疏书里，其中有一句是“臣屡战屡败，请求处罚”。有个幕僚建议他把“屡战屡败”改为“屡败屡战”。这一改，果然成效显著，皇上不仅没有责备他屡打败仗，反而还表扬了他。

“屡战屡败”强调每次战斗都失败，成了常败将军；而“屡败屡战”却强调自己对皇上的忠心和作战的勇气，虽败犹荣。这一点点的改动体现出了一个道理：在人的一生中，要想取得成功首先必须经历失败，因为失败是走向成功的起点，失败是成功之母。

失败并不是人生的终结，只是成功的起点，一个人的失败不是偶然的，但是一个人的成功确是偶然的。失败的下一站是痛苦，但并不是终点站，而是岔道口。在这个岔道口分出两条路：一条是心灰意冷、一蹶不振的路，这条路通向彻底的失败。这时的失败才是最终的结果。另一条是吸取教训、奋起拼搏的路，这条路可能通向成功，也可能通往失败。但只有踏上了这条路，才有成功的希望。因此，一个人遭受了失败，并不意味着就是最终的结果，关键在于站在痛苦这个岔道口的时候自己应选择哪一条路。

一位全国著名的推销大师，即将告别他的推销生涯，应行业协会和社会各界的邀请，他将在该城最大的体育馆作告别职业生涯的演说。

演说那天，会场座无虚席，人们在热切地、焦急地等待着那位当代最伟大的推销员，期待他说出什么惊世良言，期待从他身上学习经验。当大幕徐徐拉开，人们惊讶地发现，舞台的正中央吊着一个巨大的铁球。为了支撑住这个铁球，台上还搭起了高大的铁架。

所有人都惊奇地望着老人，不明白他是何用意。这时两位工作人员抬着一个大铁锤放在老人的面前。主持人这时对观众说：请两位身体强壮的人到台上来。很多人站起来，其中两名眼疾手快的年轻人已经跑到了台上。

老人这时开口对他们讲规则，请他们用这个大铁锤去敲打那个吊着的铁球，直到把铁球荡起来为止。

其中一个年轻人抢着拿起铁锤，拉开架势，抡起大锤，全力向那吊着的铁球砸去。铁球发出一声震耳欲聋的响声，却一动也不动。年轻人用大铁锤接二连三地砸向吊球，很快他就累得气喘吁吁了。另一位年轻人也不甘示弱，接过大铁锤把吊球打得叮当响，然而铁球仍然纹丝不动。台下的观众已经渐渐失去了热情，呐喊声渐渐消失，观众好像认定那是没用的，就等着老人做出解释了。

这个时候，老人从上衣口袋里掏出一个小锤，然后认真地对着那个巨大的铁球“咚”敲了一下，然后停顿一下，再一次用小锤“咚”敲了一下。人们奇怪地看着老人的举动。老人仿佛已经忘记了台下坐着的观众，就那样“咚”地敲一下，然后停顿一下，一直持续地做。10 分钟过去了，又一个 10 分钟过去了，有观众开始坐不住了，会场起了一阵骚动，有的人干脆叫骂起来，人们用各种声音和动作发泄着他们的不满。然而老人好像根本没有听见观众的叫骂声，仍然一小锤一小锤不停地敲着。有人开始愤然离场，会场上出现了大片大片的空缺。留下来的人们好像也喊累了，会场渐渐地安静下来。

大概在老人进行到 40 分钟的时候，坐在前面的一个妇女突然尖叫一声："球动了！"仿佛一声惊雷惊醒了沉默的人们，观众们屏息静气看着那个铁球，整个会场鸦雀无声。那铁球以很小的幅度动了起来，不仔细看很难察觉。老人仍旧一小锤一小锤地敲着，一声一声仿佛敲在每个人的心上。吊球在老人一锤一锤的敲打中越荡越高，它拉动着那个铁架子"哐、哐"作响，它的巨大威力强烈地震撼着在场的每一个人。会场里爆发出一阵阵热烈的掌声，在掌声中，老人转过身来，把那把小锤揣进兜里。

老人终于开口说话了："在成功的道路上，如果你没有耐心去等待成功的到来，那么，你只好用一生的耐心去面对失败。"

人只有在困难与失败中不断探索，才能获得成功。失败的经验越是丰富，成功的概率就越大。尤其是年轻人，应该把握黄金岁月，拥有强烈的目标意识，果敢地前进，才能使生命之树欣欣向荣。不管你是谁，只要确定了目标，就要坚持不懈地去完成，耐心地等待成功。对于所有成大事的人来讲，问题不在于能力的局限，而在于等待成功的信念。

不到最后别放弃

“行一百里者半九十。”最后的那段路，往往是一道最难跨越的“门槛”。其实每一个人的一生中，无论工作或生活，都会或多或少地出现这样那样的极限环境，或者说极限困境。有的时候就需要那么一点点毅力、一点点努力的坚持，成功就能触手可及，而不是充满遗憾地擦肩而过。

1905 年，洛伦丝·查德威克成功地横渡了英吉利海峡，因此而闻名于世。两年后，她从卡德那岛出发游向加利福尼亚海滩，想再创一项前无古人的纪录。

那天，海上浓雾弥漫，海水冰冷刺骨。在游了漫长的 16 小时之后，她的嘴唇已冻得发紫，全身筋疲力尽，而且一阵阵战栗。她抬头眺望远方，只见眼前雾霭茫茫，仿佛陆地离她十分遥远。现在还看不到海岸，看来这次无法游完全程了。她这样想着，身体立刻就瘫软下来，甚至连再划一下水的力气也没有了。

“把我拖上去吧！”她对陪伴她的小艇上的人挣扎着说。

“咬咬牙，再坚持一下，只剩下一英里远了。”艇上的人鼓励她。

“你骗我。如果只剩一英里，我早就应该看到海岸了。把我拖上去，快，把我拖上去。”

于是，浑身瑟瑟发抖的查德威克被拖了上去。小艇开足马力向前驰去，就在她裹紧毛毯喝一杯热汤的工夫，褐色的海岸线就从浓雾中显现出来，她甚至都能隐约看到海滩上，欢呼等待她的人群。到此时她才知道，艇上的人并没有骗她，她距成功确确实实只有一英里。

路，走着走着就清晰了，只是看你敢不敢坚持。山路十八弯，但是只要你坚持，再弯的路也能把你带到成功的彼岸。只要你坚持，只要你相信自己的判断，成功就在不远处。当你发现所有人都在向东走的时候，你向北走的路崎岖而看似没有终点，请再思考一下，然后坚持走下去，再坚持一下，你就会成功。

传说，有两个人与酒仙邂逅，神仙一时兴起，将酿酒之法传给了他们：取端阳节那天饱满的米，再加上冰雪初融的高山流泉，将二者调和，注入深幽无人处千年紫砂土铸成的陶瓮，再用初夏第一张看见朝阳的新荷覆紧，密闭七七四十九天，直到第四十九天的鸡叫三遍后方可启封。

就像每一个传说里每一个历险者一样，这两个人历尽千辛万苦开始寻找材料，那是极其漫长的一个过程，他们花了整整八年的时间，终于找齐了所有的材料，把它们一起调和密封，然后潜心等待四十九天之后的那个时刻。胜利似乎就在眼前了。

第四十九天到了。两人兴奋得夜不能寐，等着鸡鸣的声音。远处传来了第一声鸡鸣。过了很久，又响起了第二声鸡鸣。然而，第三遍鸡鸣声却迟迟没有传来。其中的一个人再也忍不住了，他打开了自己的陶瓮，迫不及待地尝了一口。立刻就惊呆了：天啦！这酒像醋一样酸。然而大错已经铸成，再也不可挽回了。他极度失望地把酒洒在了地上。

而另外一个人虽然也按捺不住想伸手，却还是咬紧牙关，坚持到了第三遍鸡鸣的声音。舀出来喝了一口，惊喜地大叫一声：多么甘甜香醇的酒啊！

就只差那么一刻，“醋水”没有变成佳酿。八年的时间都熬过来了却偏偏等不及那一声鸡鸣，于是前功尽弃，之前所有的努力都白费了。多么让人惋惜啊。

大多数成功者与失败者之间的差别往往不是因为机遇或者更聪明的头脑，只在于成功者多坚持了一下——有时候是一年，有时候是一天，有时，仅仅只是几分钟。

一切皆有可能

有这样一则故事。

在美国旧金山的贫民区，有一个小男孩，因为从小营养不良而患有软骨症。6岁的时候，他的双腿变成了“弓”形，小腿更是严重萎缩。然而身体的不完整并不影响他对美好生活的向往，在他幼小的心灵中，藏着一个美好的梦想——那就是有一天他要成为美式橄榄球的全能球员。

他对传奇人物吉姆·布朗特别崇拜，是他的忠实球迷。只要吉姆所在的克里夫兰布朗斯队和旧金山四九人队在旧金山比赛的时候，小男孩便不顾双腿行动不便，一跛一拐地到球场去为自己的偶像加油。由于家里穷买不起票，因此，他每次都只有等到全场比赛快结束，工作人员打开大门的时候溜进去，欣赏最后剩下的几分钟。

小男孩13岁的时候，有一次他在布朗斯队和四九人队比赛之后，在一家冰激凌店里终于有机会和心中的偶像面对面地接触，那是他多年来所期望的一刻。他大大方方地走到这位大明星的跟前，朗声说道：“布朗先生，我是你最忠实的球迷！”

吉姆·布朗和气地向他说了声“谢谢”。这个小男孩接着又说道；“布朗先生，我想告诉你一件事。”

吉姆转过头来问道：“小朋友，请问你要告诉我什么事？”

男孩神情自若地说道：“我记得你所创下的每一项纪录，每一次的布阵。”

吉姆·布朗十分开心地笑了，然后说道：“真不简单。”

这时小男孩挺了挺胸膛，眼睛里闪烁着光芒，充满自信地说道：“布朗先生，有一天我要打破你所创下的每一项纪录！”

听完小男孩的话，这位美式橄榄球明星微笑地对他说道："好大的口气。孩子，你叫什么名字?"

小男孩得意地笑了，说："奥伦索，先生，我的名字叫奥伦索·辛普森。"

奥伦索·辛普森日后的确如他少年时所说的话，在美式橄榄球场上打破了吉姆·布朗所创下的所有纪录，更创下一些新的纪录。

梦想的力量是伟大的，有些时候，它甚至能够决定你生命的质量。生活中，当你茫然无助，找不到方向的时候，不妨想想自己心中的梦想。或许你会找到久违的热情和自信。因为，那是你渴望做的事情。只要相信自己，坚持不懈地努力，那么，一切皆有可能。

成功的基石是坚持

成大事不在于力量的大小，而在于能坚持多久。

树立目标是一件很容易的事，但是要把目标坚持下来却是一件困难的事，没有坚持不懈的勇气和顽强的毅力，是办不到的。

通往成功的路是一段漫长的征途，越往前走人就越少。不光是精力、胆识的问题，因为成功根本就看不见！人们不知道还有多远，所以信心就会动摇。而那些取得成功的人，都是在看不到希望的时候，仍然坚持在黑夜里穿行。在绝望的时候，仍然不选择放弃。

对于一个追求成功的人来说，最大的阻力，其实不是自身的条件不济，不是准备不够，而是在成功之前，越往前走，黑暗越浓。这黑暗不在眼前，而是在心里。

成功者是那些只选择往前走的人。他知道，成功还有多远不清楚，但转身就是明确的失败。他不愿失败，所以没有选择。成功者多少都有些阿甘的精神，他往往不是脑子最聪明最活络的人，但一定是意志最坚定的人。失败者总有多种选择，成功者都没有选择，因为成功只有一个方向。

现实生活中，我们常常羡慕别人所取得的辉煌成就，但往往缺少取得成就所必备的因素——坚持到底。当遇到困难或挫折时，我们起初或许会坚持一下。但令人感到遗憾和悲哀的是，面对一而再再而三的失败，多数人选择了放弃，没有再给自己一次机会。其实，有时候可能就是再多一点点的坚持，我们就会取得成功。但就因为我们没有再跨出坚持的下一步，结果让成功的机会与自己擦身而过。因此，在奋斗拼搏的路上，我们要想取得最后的成功，就要永远鼓励自己，要坚持，除了坚持，别无选择。

一只不起眼又被人讨厌的毛毛虫忍受着别人异样的目光，吐丝把自己包裹着，丝一层一层缚在毛毛虫身上，它没有哭泣，只因它知道，它有一个梦想：成为一只美丽的蝴蝶，在百花中散发耀眼光芒，这样的它就再也不会感受不到别人给予的温暖。可是，破茧成蝶不是一朝一夕的，在它自己织的“家”中没有言语，没有温暖，它一动不动地蜷缩在小小的空间中，等待，等待……就这样，一天天过去，茧破开了一条缝，蝴蝶的身子慢慢出现，撕开了茧，它骄傲地飞翔在蔚蓝的天空中，自由自在。

“再坚持一下”，是一种不达目的誓不罢休的精神，是一种对自己所从事的事业的坚强信念，也是高瞻远瞩的眼光和胸怀。它不是蛮干，不是赌徒的“孤注一掷”，而是在综观全局和预测未来之后的明智抉择，它更是一种对人生充满希望的乐观态度。在山崩地裂的大地震中，不幸的人们被埋在废墟下。没有食物，没有水，没有亮光，连空气也那么少。一天，两天，三天……还有希望生存吗？有的人丧失了信心，他们很快虚弱下去，不幸地死去。而有些人却不放弃生的希望，坚信外面的人们一定会找到自己，救自己出去。他们坚持着，哪怕是在最后一刻。结果，他们创造了生命的奇迹，他们从死神的手中赢得了胜利。

越是在困难的时候，越要“再坚持一下”。有时，在顺境时，在预定的目标未完全达到时，也要“再坚持一下”，不要因小小的成功就停止不前。

你能承受多少次失败的打击？生活中，很多人在多次失败的打击之下，令人惋惜地放弃了努力。有的人甚至在一次的不如意之后就开始灰心丧气、绝望。其实，成功就在你绝望、准备放弃的背后。如果你能咬牙再坚持一下，再努力一把，克服这种深深的绝望感，成功就会奇迹般地出现在你面前。

把困难踩在脚下

一生中，我们也许会碰到无数的困难，面临无数的困境，当困难挡住了我们前行的路的时候，你会用什么样的心态去面对呢？是避开它，面对它，还是把它踩在脚下呢？有些时候，我们或许被困难吓住了，忍不住想退缩，想放弃，如果是这样，那么你就永远也躲不开困难。倒不如迎难而上，把困难踩在脚下。人的潜力是无穷的，只要你相信自己，藐视困难，你就一定能够走出困境，迎来人生的艳阳天。

俗话说：读万卷书不如行万里路。如果没有在万丈红尘里摸爬滚打，我们永远也不会了解真正的生活。书本上的知识拥有得再多，也需要实际的体验。只有经过实践了，你才能知道“原来我能做到这个地步”，才能增加你的信心，也才能有更多的勇气去面对困难。

生活的酸甜苦辣，只有亲身体验过了，才能了解，才能体会。这一次的苦难你能够勇敢地挺过去，那么下一次的苦难，你一样能够挺过去。经历过大风大浪的人，会越来越淡定，越来越睿智，也越来越成熟。

人生犹如沏茶一样。温水沏茶，茶叶轻浮水上，怎会散发清香？沸水沏茶，反复几次，茶叶沉沉浮浮，最终释放出四季的风韵：既有春的幽静、夏的炽热，又有秋的丰盈、冬的清冽。世间芸芸众生，何尝不是沉浮的茶叶？那些不经风雨的人，就像温水沏的茶叶，只在生活表面漂浮，根本浸泡不出生命的芳香；而那些栉风沐雨的人，如被沸水冲沏的酽茶，在沧桑岁月里几度沉浮，才有那沁人的清香。浮生若茶，我们只是一撮生命的清茶，命运就是那一壶温水或炽热的沸水，茶叶因为沉浮才释放了本身的清香，而生命也只有遭遇一次次挫折和坎坷，才能激发出人生那一缕缕幽香！

人总会有脆弱的时候，当许多苦难接二连三涌来的时候，我们就会想逃避，想放弃，觉得自己“实在吃不消了”。然而，不管我们怎么逃避，困难始终在那里，不会消失。我们只有勇敢地站起来，把困难踩在脚下，成功才会属于我们。无论遭受怎样的困难，都不要害怕担心，要坚信困难只是暂时的，假以时日，它就会过去。如果在困难面前畏首畏尾，只是给自己心中增加阻碍，只会让困难更加困难。如果改变自己的心态，藐视困难，迎难而上，你就会知道，原来挡住前途的墙壁，其实并不怎么厚。

在重大的苦难面前，一般人都会产生这样一种想法：“这件事我无法解决。”其实，这种想法是不对的。只要你有一颗强大的心，那么就没有什么困难是你战胜不了的。最主要的还是在于你是否能面对困难勇敢地站起来。

你有相当好的经历，你也有丰富、宝贵的才能，你对事业抱有很大的希望，之所以会害怕困难，只是因为你否定了自己，你的消极的情绪阻碍了你的发展前途。所以你非做不可的事，是将你对人生否定的心转变成具有建设性的心。你必须信赖你自己的精神力量、能力、经验。如此一来，你的人生将能得到完全的改变。你会相信在这个世界上并没有落后者的存在。

别让慵懒毁了你

要想拥有一个成功的人生，保持勤奋是除立志之外最为重要的事。无论多么远大的志向，如果不能以勤奋的态度去努力落实，就永远也无法变成现实，最终也只是海市蜃楼而已。

爱迪生曾经说过这样一句话：成功是百分之九十九的汗水加百分之一的天分。没有人能只依靠天分而成功。上帝给予了我们天分，而勤奋将天分变为天才。放着天分不用，就像古代那个叫作仲永的人一样，虽然聪明过人，出口成章，但高傲懒惰，最终仍然一事无成。

国际著名恐怖小说大师斯蒂芬·金在每一年的每一天里，都重复着做一件事情——写作。当每一天黎明的第一道曙光照亮大地的时候，他就开始伏在打字机前，开始他一天的写作了。他一边听着美妙的音乐，一边飞快地敲打着打字机的键盘，每天都如此。

在斯蒂芬·金成名之前，也曾经有过一段坎坷的经历。那个时候，他一贫如洗，甚至连电话费都交不起。然而他并没有自暴自弃，而是坚持不懈地努力。功夫不负有心人，他终于一举成名，成为世界上最有名的恐怖小说大师，整天稿约不断。常常是一部小说还在他的大脑之中储存着，出版社高额的预订金就支付给了他。如今，他已经是世界级的大富翁了。可是，他并没有放弃努力，仍然坚持每天写作。

斯蒂芬·金成功的秘诀很简单，只有两个字：勤奋。一年之中，他只有三天的时间是不写作的。也就是说，他只有三天的休息时间。这三天是：生日、圣诞节、美国的独立日（国庆节）。勤奋给他带来的好处是：永不枯竭的灵感。我国的学术大家季羡林老先生曾经说过："勤奋出灵感。"缪斯女神对那些勤奋的人总是格外青睐的，她会源源不断地给这些人送去灵感。

斯蒂芬·金和一般的作家有点不同，一般的作家在没有灵感的时候，就去干别的事情，从不逼自己硬写。但斯蒂芬·金在没有什么可写的情况下，也要每天坚持写 5000 字。这是他在早期写作时，他的一个老师传授给他的一条经验。而在他早期的创作实践中，他也是坚持这么做的。也就是说，他在写作上，有过强化训练的经历和体验。这段经历使他受益终身。他说，我从没有过没有灵感的恐慌。

任何时候，我们都要始终坚定这样的信念：我们的付出一定会得到回报。这种回报有显性的和隐性的，有目前的和长远的。我们要走出误区，不要被显性的和目前的回报迷惑了双眼而停滞不前，更不要因为隐性的和长远的回报而灰心丧气。如果你没有得到回报，那么理由只有一条，就是你的努力还不够。所以，勤奋是我们成功的唯一捷径。

我们往往以为自己很努力了，其实我们还不够努力，所以我们没有成功。鲜花和掌声从来不会光顾懒惰的人，超人的成就往往是付出了比常人多出十倍的努力换来的。这是永恒的真理。不要怨天尤人，不要总奢望有能呼风唤雨的父母，即使把你安排到了一个显要的位置，如果你无法胜任，也许可以偶尔充当一下南郭先生，但要想永久地服众则是痴人说梦。不要说自己的运气不好，机遇总是留给那些有准备的人的；更不要说自己没有天分，如果你这样认为就是对自己彻底的放弃。

晚清中兴名臣曾国藩说：“勤字功夫，第一贵早起，第二贵有恒”，言简意赅地说明了勤奋的两个最基本的要素。当然，在今天，由于人们各自的事业不同，对于每一个人而言，勤奋的要求也不尽相同，但天道酬勤相同，有一分勤奋便会有一分收获，如果能有十分的勤奋，这个世界上还有什么样的目标是无法实现的呢？